初心眼界格局
为人三要

人生境界

宋犀堃/编著

成都地图出版社

图书在版编目(CIP)数据

人生境界 / 宋犀堃编著. -- 成都 : 成都地图出版社有限公司, 2019.12(2021.2 重印)
ISBN 978-7-5557-1342-5

Ⅰ. ①人… Ⅱ. ①宋… Ⅲ. ①成功心理 - 通俗读物 Ⅳ. ①B848.4-49

中国版本图书馆 CIP 数据核字(2020)第 004280 号

人生境界
RENSHENG JINGJIE

编　　著: 宋犀堃
责任编辑: 魏玲玲
封面设计: 松　雪
出版发行: 成都地图出版社有限公司
地　　址: 成都市龙泉驿区建设路 2 号
邮政编码: 610100
电　　话: 028-84884648　028-84884826(营销部)
传　　真: 028-84884820
印　　刷: 三河市众誉天成印务有限公司
开　　本: 880mm × 1270mm　1/32
印　　张: 15
字　　数: 360 千字
版　　次: 2019 年 12 月第 1 版
印　　次: 2021 年 2 月第 2 次印刷
定　　价: 108.00 元(全三册)
书　　号: ISBN 978-7-5557-1342-5

做人最需要什么？ 可能大家对这个问题都有自己的回答。 在众多答案中，出现频率最高的应该就是初心、眼界和格局了。 初心决定方向，眼界左右行动，格局决定结局。

初心就是保持起初的状态，对一切事物保持好奇心和探索精神，不被自己固有的想法所禁锢。 最初，我们怀着理想出发，但是慢慢地，我们的理想被名利取代。保持初心，就是要时刻提醒自己当初为什么出发。 初心是人生起点的希冀与梦想，事业开端的承诺与信念，迷途困挫中的责任与担当，铅华尽染时的恪守与坚持。

眼界，指目力所及的范围，引申指见识的广度。 眼界广者其成就必大，眼界狭者其作为必小。 无论你现在是老板还是一名普通员工，问问自己，拿爬山来说，你是在山脚转悠一两圈就能满足的人，或是爬到半山腰就不愿意再往前的人，还是能一鼓作气直奔着山顶的风景前进的人？ 问问自己，你希望自己能到达哪一步？ 你愿意欣赏哪里的风景？ 一个人能看多远，决定了他能取得多大成就。

格局，是一个人的胸襟、胆识等心理要素的内在布局。大格局是一种智慧，大智若愚；大格局是一种境界，大勇若怯；大格局是一种深度，大音希声；大格局是一种品性，大巧若拙；大格局是一种姿态，大象无形。

有格局的男人修养内心，气度宏大，胸怀宽广，包容很多周围的人与他一同成长。 有格局的女人处事周详，能让亲友如沐春风、温馨安康，旺家旺事业。

本书在总结众多成功人士经验的基础上，全面、深入地揭示了初心、眼界和格局的内涵与现实意义，旨在帮助人们更有效地应对纷繁复杂、竞争激烈的时代，更顺利地拓展事业和生活空间，更快捷地实现人生目标，更美满地成就辉煌事业和美好人生。

2019 年 10 月

CONTENTS 目录

中　篇　眼界：眼界决定境界

下　篇　格局：大气度塑造大格局

上篇

初心：不忘初心，方得始终

PART 01

初心决定方向，志向成就人生

做人要有雄心

雄心，简单点来说就是进取的欲望，一个不思进取的人是很难有所作为和赢得最后胜利的，而雄心是成就梦想的第一步。一个人要想成就一番事业，首先必须有成大事的雄心。否则有再多的才华，也只能成为一个庸庸碌碌的人。

雄心的极端形式是野心，但在许多人眼中“野心”往往被贬为庸俗甚至是恶魔，那是因为人们只看到了野心支配下的人做出的坏事，而忽视了野心所带来的追求成功的支持力。

雄心是成就伟大事业不可缺少的要素。所谓“世上无难事，只怕有心人”，说的就是这个意思。

随着社会生产力的发展，物质生活水平的整体提高，社会生存的竞争也越来越激烈。要想在竞争激烈的社会上站稳脚跟，没有一点雄心是行不通的。志当存高远，人的志向与成就从来是密切相关的。如果没有远大的志向，就难以成就大业。一个人即使身居陋室，饔飧不继，只要有远大的理想和抱负，也能奋然前行，干出一番经天纬地的事业。

雄心是迈向成功的第一步，现在很多人崇尚“知足常乐”，固然，知足常乐可以作为一种生活态度，可以让人过得更轻松，但是却绝对不可以当作人生信条。我们生活在这个世界上，就必须要不断地奋斗，不断地向另外一个目标前进。

小明和小叶考进了同一所全国著名的高校，在学校学习期间，两个人都十分努力，成绩优秀。虽然如今大学生就业越来越困难，但他们很幸运，毕业前，一家国际知名的大企业到学校来招聘，两人过关斩将，成功地获得了仅有的两个待遇优厚的职位。

因为是校友，又到了同一个公司，两人自然就成了好朋友。

在别人眼里他们是幸运的，从一个普通学生一下子就跨入了白领阶层。小叶也是这样想，她对自己的工作十分满意，认为自己以前所有的努力终于有了回报。所以，她总是小心翼翼地在工作上不出一点差错，生怕丢了饭碗。

可是小明则不然，到公司以后，他的工作也很出色，颇受上司赏识。但是小明觉得这家公司不大适合自己发展，于是在积累了一些工作经验以后，毅然决定辞去待遇丰厚的职位，打算自己下海打拼，临行前，小明和小叶打了个招呼。

“什么？你疯啦！好好的工作不做，辞职了没收入怎么办？做生意破产了怎么办？”小叶显然不理解小明的想法。

“工作了一段时间，我觉得应该出去闯一闯了，‘王侯将相，宁有种乎！’我也可以做一番大事业，也可以自己当老板！”小明充满信心地说。

“做人稳当就可以了，不要有那么大野心，而且我们现在的工资待遇已经很高了，别人想找还找不到呢！”小叶善意地劝说小明。

“小叶，现在竞争激烈，我们不能安于现状，人不能没有点雄心。你也一样，别老安于目前的状态，我看这家公司还是很适合你发展的，你也要有个奋斗目标才行。”小明反过来劝说小叶。

最后，小明还是离开了公司自己闯荡去了，小叶依旧兢兢业业地守护着她那份“稳定的工作”。

两年后因为政策的调整，小叶所在的公司进行了一次大的人员调整，小叶虽然工作上没出过什么错，可是因为太“不进取”，被公司列在了裁员名单里，只好重新找工作。而此时，小明已经是一家公司的总裁了。

这个故事中，尽管小明在不停地劝解小叶，但是小叶因为安于现状，不思进取，最终还是丢掉了所谓的“铁饭碗”；而小明志存高远，敢于挑战自己、突破自己，一颗雄心支撑着他走得更高更远。

在这里，一个故事尤其发人深省。

法国大富翁巴拉昂本来也是个穷光蛋，后来靠推销装饰肖像画起家，不到10年，迅速跻身于法国50名大富翁之列。他在临终前留下遗嘱，将自己的巨额财产除捐献给医疗卫生事业外，特留下100万法郎作为奖金，锁在保险箱里，奖给揭开穷富之谜的人。当这条遗嘱在报纸上披露后，雪花般揭谜信件纷纷飞到报社。有人说，穷人最缺少的是机遇，没遇到富有的机会，所以贫穷；也有人说，穷人最缺少的技术本事，所以贫穷；绝大多数人却说，穷人最缺少的是金钱，有钱就不穷了……可这项巨额奖金却被一位叫蒂勒的小姑娘捧走了。她的揭谜答案是：穷人最缺少的是野心，即成为富人的野心。

人也许永远无法选择环境，但你永远有权力选择自己的未来。只要你不甘于平庸，想做一番大事业，你的命运就有改变的可能。因为，“野心”能使你不安于现状，继而使你在强烈的欲望的推动下一步步向着自己的目标迈进，直至得到你想要的。

志向决定你的方向

成功人士与一般人的差别，就在于成功的人有远大的志向。换言之，成功是由远大志向推动起来的！事实证明：绝大部分有所成就的人，都是敢做好梦，敢立大志的人。所以，做人的第一件事就是立志，也就是要使自己振作起来，抖擞精神，给自己一个目标、一个方向。

没有志向，人生就没有方向。当你知道自己想要什么的时候，整个世界都会为你让路。人有时是自己观念的产物，你是一个什么样的人，首先在于你想成为一个什么样的人。比如，一个人如果从来没有想到要成为一个科学家，他也就不会按照成为一个科学家必备的素质要求自己、训练自己，也就很难成为科学家。

胡雪岩作为一名成功的大商人，他将中国传统商人应有的志向发挥到了极致。在胡雪岩的伙计生涯中，如果他安于现状，或许数年内便能积累一笔小家产，然后娶妻生子，安安稳稳度过一生。然而，胡雪岩是一个胸怀鸿鹄之志之人，是绝不甘心同他人一样庸庸碌碌终生。他心怀建功立业之雄心，只是苦于身份卑贱，本钱太少，无法实现他远大的抱负，因此，他平素在众人面前总是笑容可掬，但是内心深处却时常郁郁寡欢。此时的胡雪岩，绝非无所作为，而是睁大了眼睛，在寻找机遇，寻找能帮助他实现心中梦想的人。

在与人聊天的时候，胡雪岩说过："说到我的志向，与众不同，我喜欢钱多，越多越好!"他围拢两手，做了个搂钱的姿势："不过我有钱不是拿银票糊墙壁，看着过瘾就算。我有了钱要用出去！世界上顶痛快的一件事，就是看到人家穷途末路，刚好遇到我身上有钱!"他做了个挥手斥金的姿态，仿佛真有其事地说："拿去用！够不够?"这是何等的气势!

胡雪岩所从事的职业，是以充分发挥个人才智为特征的商业活动。成败利钝，全在一念之间，个人发挥的余地很大，客观上受掣肘的因素甚小，而且表现的方式也大为不同。胡雪岩能以钱庄学生的出身，发展成为名震天下的红顶商人，其气度和眼光，近代商业史少有人能与之比肩。胡雪岩的商业活动，对中国近代史的发展有着重要影响。

胡雪岩在其经商活动中表现出了气吞山河的大志向、大气魄。他不断发展与官僚阶层、江湖势力、洋人及洋人买办、下层被管理者和下层百姓的关系；在商业经营范围上，不断扩展其钱庄业的覆盖范围，在丝业、典当业、药业方面也取得了很大的发展，终成富甲天下的红顶巨商。

纵观历史上有所成就的人，你会发现他们的人生转折点往往都是在二十几岁。如果你正处于二十几岁，那你现在一定要把握好人生的这个大好时机；如果你已在三十岁以上，那你更应该努力，人们常说“三十而立”，很多人都在30岁的年纪就有所成就了。虽然我们的步伐慢一点，但只要有志向，有方向，就像与兔子赛跑的乌龟，照样能取得胜利。

一群人在炎热的夏天在铁路的路基上工作，这时，一列缓缓开来的火车打断了他们的工作。火车停了下来，最后一节特制车厢的窗户打开了，一个低沉的、友好的声音响了起来：“大卫，是你吗?”大卫·安德森——这群人的负责人回答说：“是我，吉姆，见到你真高兴。”于是，大卫·安德森和吉姆·墨菲——铁路的总裁进行了愉快的交谈。在长达一个多小时的愉快交谈之后，两人热情地握手道别。

大卫·安德森的下属立刻包围了他，他们对于他是铁路总裁墨菲的朋友感到非常惊讶。大卫解释说，二十多年以前他和吉姆·墨菲是在同一天开始为这条铁路工作的。

其中一个人半认真半开玩笑地问大卫，为什么你现在仍在烈日下工作，而吉姆·墨菲却成了总裁。大卫苦闷地说：“23年前我为1小时1.75美元的薪水而工作，而吉姆·墨菲却是为这条铁路而工作。”

如果你只为薪水而工作，你只能得到一笔很少的收入；但是，如果你是为了你所在公司的前途而工作，那么你不仅能够得到可观的收入，而且你还能得到自我满足和自我价值的体现。你对公司做的贡献越大，你个人所得到的回报就会越多。总之，你必须要有目标，然后为这些目标付诸行动，才能获得你想要的成功。

世界上所有的成功人士都是这样取得成功的。奥运金牌得主不光靠他们的运动天赋和技巧，而且还靠远大的目标的推动力。商界领袖也一样，他们之所以能成为商界中的佼佼者，并不完全是有多么聪慧的头脑，而是心中时刻有远大目标的激励。

摆脱心理高度的限制

失败常常不是因为我们不具备这样的实力，而是因为我们在心理上默认了一个不可跨越的高度限制。

一些有实力的人在人生发展过程中，特别是求职时，由于受到“心理高度”的限制，常常对一些合适的职业发展机会望而却步，结果往往痛失良机，甚至导致经常性的职场挫败。心理学家发现，突破心理高度的限制是人生发展成功的关键，那么我们如何突破自身的心理高度呢？

有这么一个经典的实验，很好地说明了“心理高度”现象。

实验者往一个玻璃杯中放进一只跳蚤，发现跳蚤立即跳了出来。再重复几遍，结果还是一样。根据测试，跳蚤跳的高度一般可达它身体的400倍左右，所以说跳蚤可以称得上是动物界的跳高冠军。

接下来实验者再次把这只跳蚤放进杯子里，不过这次是立即在杯子上加了一个玻璃盖，“嘣”的一声，跳蚤重重地撞在玻璃盖上。跳蚤十分困惑，但是它不会停下来，因为跳蚤的生活方式就是“跳”。一次次被撞后，跳蚤开始变得聪明起来了，它开始根据盖子的高度来调整自己所跳的高度。所以，一会儿之后，发现跳蚤再也没有撞击到这个盖子，而是在盖子下面自由地跳动。

一个小时后，实验者开始把这个盖子轻轻拿掉，跳蚤不知道盖子已经去掉了，它还是在原来的这个高度继续地跳；三个小时后，发现这只跳蚤还在那里跳。一天以后发现，这只可怜的跳蚤还在这个玻璃杯里不停地跳着——此时它已经无法跳出这个玻璃杯了。

难道跳蚤真的不能跳出这个杯子吗？绝对不是。问题在于只是经过几次碰撞，它的心里已经默认了这个杯子的高度是自己无法逾越的。

在人生发展过程中，有许多人也在过着这样的“跳蚤人生”，屡次尝试成功，但是往往事与愿违，屡屡失败。几次失败以后，便开始不是抱怨这个世界不公平，就是怀疑自己的能力，他们不是不惜一切代价去追求成功，而是一再地降低成功的标准——即使原有的一切限制已取消。就像刚才的“玻璃盖”，虽然被取掉，但他们早已经被撞怕了，不敢再跳，或者已习惯了，不想再跳了。结果，就有相当一部分人往往因为害怕成功高度的限制，而甘愿忍受失败者的生活。

很多人不敢去追求成功，不是追求不到成功，而是因为他们的心里已默认了一个“心理高度”，这个高度常常暗示自己的潜意识：这个是没有办法做到的。

其实，让这只跳蚤再次跳出这个玻璃杯的方法十分简单，只需拿一根小棒子突然重重地敲一下杯子；或者拿一盏酒精灯在杯底加热，当跳蚤热得受不了的时候，它就会“嘣”地一下，跳了出来。

这种方法对人也同样产生作用。当然，这种作用只有当我们自我觉醒并强烈要求改变，或有他人意识到问题的严重性并帮助其改变时才会产生作用。问题是很多人根本不知道自己为什么各种不顺、为什么失败，因为心理高度这种比较隐性的因素是比较难以发现的。

可见，在人生发展过程中，若能够摆脱“心理高度”的限制，冲破常人望而却步的“心理制高点”，那么我们的发展空间和成功率将会很大。

万事皆有可能

俗话说：“天下无难事，只怕有心人。”没有做不到的事，只有想不到的事；没有做不了的事，只有不想做的事。对一些“不可能”做到的事只是常规理论下的结论，要善于尝试“打破常规”，成功者的字典里没有“不可能”这三个字。

20 世纪六七十年代美国有一个超级歌星，他少年时就想当一名歌手。参军后，他买到第一把吉他。他开始自学弹奏吉他，同时练习唱歌，并开始尝试自己创作一些歌曲。服役期满后，他开始努力工作，以实现当一名歌手的夙愿，可他没能马上成功。没人请他唱歌，就连电台唱片音乐节目广播员的工作也没能得到。他只得靠挨家挨户推销各种生活用品维持生计，不过他还是坚持练唱。他组织了一个小型的歌唱小组在各个教堂、小镇上巡回演出，很快，他有了一些歌迷。最后，他灌制的一张唱片奠定了他音乐工作的基础，吸引了两万名以上的歌迷。他对自己的信念坚信不疑，并因此获得了成功。

然而，这只是一次难度不大的考验，真正的考验还在后面。经过几年的巡回演出，他被那些狂热的歌迷拖垮了，晚上须服安眠药才能入睡，还要吃些“兴奋剂”来维持第二天的精神状态。他开始沾染上一些恶习——酗酒、服用催眠镇静药和刺激兴奋性药物。他的恶习日渐严重，以致对自己失去了控制能力，之后他进了监狱。到1967年，他每天必须吃一百多片药片。

这个人就是约翰尼·卡许。

当他那天从州监狱刑满出狱时，一位行政司法长官对他说：“约翰尼，我今天要把你的钱和麻醉药都还给你，你比别人更明白你能充分自由地选择自己想干的事。看，这就是你的钱和药片，是把这些药片扔掉还是去麻醉自己、毁灭自己，你选择吧!”

约翰尼选择了生活。他又一次对自己的能力做了肯定，深信自己能再次成功。他回到纳什维利，找到他的私人医生，医生不太相信他，认为他很难改掉吃麻醉药的坏毛病，医生告诉他：“戒毒瘾比找上帝还难。”

约翰尼并没有被医生的话吓倒，他知道“上帝”就在他心中，他决心“找到上帝”。尽管这在别人看来几乎不可能，他开始了他的第二次奋斗。他把自己锁在卧室，闭门不出，一心一意就是要根绝毒瘾。为此，他忍受了巨大的痛苦，经常做噩梦。后来他在回忆这段往事时说，他总是昏昏沉沉，好像身体里有许多玻璃球在膨胀，突然一声爆响，只觉得全身布满了玻璃碎片。当时摆在他面前的，一边是麻醉药的引诱，另一边是他的奋斗目标的召唤，结果他的信念占了上风。九个星期以后，他睡觉不再做噩梦，又恢复到原来的样子了，他努力实现自己的计划，几个月后，他重返舞台，再次引吭高歌，终于又一次成为超级明星。

约翰尼完成了医生认为的“不可能”的事。实际上，世界上有许多所谓“不可能”的事都有“可能”发生。

还有这样一则关于“可能”与“不可能”的故事。波拿巴·拿破仑问工程技术人员：“这条路走过去可能吗？”“也许吧。”回答是不肯定的，它在可能的边缘上。“那么，前进！”波拿巴·拿破仑没有理会工程人员讲的困难，下决心前进。统帅的精神鼓舞着战士们。四天之后，这支部队突然奇迹般出现在意大利平原上了。一件“不可能”的事情就这样完成了。

许多统帅都具有必要的设备、工具和强壮的士兵，但是他们缺少毅力和决心。谁不怕困难，谁就能在前进中抓住时机。波拿巴·拿破仑信奉“世上没有不可能的事”，因此创造了许多奇迹。

一颗落入山缝间的种子，要长成立于蓝天之下的大树，看起来不大可能；一滴滴柔弱细小的水珠，要穿透厚重的岩石，看起来不大可能。但是有一天，山崖间斜生着一棵挺拔的青松，我们看到了水滴石穿，于是才会恍然大悟：只要有毅力，有恒心，万事皆有可能！

拿破仑曾经说过：“凡是有决心取得成功的人从来不说

‘不可能’。”成功并非一个遥不可及的梦，重要的是我们有没有决心取得胜利，我们有没有在一百次被打倒后为了我们的梦想再第一百零一次地站起来。

霍金，本被医生认为活不过一年的病人，在决心的支持下，不但战胜了死亡的威胁，还在自己研究的领域创下了一个又一个奇迹；乔丹，本因身高不够而被球队拒之门外的矮个子，在决心的驱动下克服了自己身高条件的限制，成为令世人惊叹的篮球高手。

他们都有着一颗坚强的心，才能把别人看来的不可能变成了可能，真实地告诉我们，只要有决心，万事皆有可能。

不要让别人的“不可能”阻挡了你的脚步，不要让看似不可能的事情延长了你与梦想的距离。坚定自己的决心，让整个世界都知道：万事皆有可能。

PART 02

自信自强，坚定必胜的信念

依靠自己，相信自己

伟人都对自己有超乎常人的信心。英国诗人华兹华斯毫不怀疑自己在历史上的地位，他预见到自己将来的名声。恺撒有一次曾在船上遭遇暴风雨，艄公非常担心，恺撒说：“担心什么？你是和恺撒在一起。”

命运给我们在社会上安排了一个位置，为了不让我们在到达这个位置之前就跌倒，它要让我们对未来充满希望。正是由于这个原因，那些雄心勃勃的人都带有强烈的自信色彩，甚至到了让人难以容忍的地步，但这却是让他获得继续向前的动力。一个人的自信正预示着他将来的大有作为。

德国哲学家谢林曾经说过：“一个人如果能意识到自己是什么样的人，那么，他很快就会知道自己应该成为什么样的人。但他首先得在思想上相信自己的重要，最终，在现实生活中，他也会觉得自己很重要。”对一个人来说，重要的是相信自己的能力，如果做到这一点，那么他就能在前进的道路上拥有巨大的力量。

“固然，谦逊是一种智慧，人们越来越看重这种品质，”匈牙利民族解放运动的领袖科苏特说，“但是，我们也不应该轻视自立自信的价值，它比任何个性因素都更能体现一个男人的气概。”

英国历史学家弗劳德也说：“一棵树如果要结出果实，必须先在土壤里扎下根。同样，一个人也需要学会依靠自己，尊重自己，不接受他人的施舍，不等待命运的馈赠。只有在这样的基础上，才可能做出成就。”青年人应该培养自己的自尊，使自己超越于一切卑贱的行为之上，从而与各种各样的侮辱与不体面绝缘。

在一次法庭辩论上，作为辩护律师的库兰说：“我研究过我收藏的所有法学著作，都找不到一个这样的案例——在对方律师反对的情况下，还可以预先确定某项条件，这样的事情从来没有发生过。”

“先生——”主审的罗宾逊法官打断了他的话，“我怀疑你的图书馆藏书量不够。”

“确实，先生，我并不富裕，”年轻的律师十分镇定，他直视着法官的眼睛，“这限制了我购书的数量。我的书不多，但都是精心挑选，而且是仔细阅读过的。我阅读了少数精品著作，而不是去写一大堆毫无价值的作品，然后才进入这一崇高的职业领域的。我并不以我的贫穷为耻；相反，如果我的财富是因为我卑躬屈膝，或是用不正当手段获得的，那我会真正感到羞愧。我或许不能拥有显赫的地位，但我至少保持了人格上的正直诚实。

倘若我放弃正直诚实去追求地位，眼前就有很多的例子告诉我，这么做或许会让我得到所需要的东西，但在别人的眼里，我却只会显得更加渺小。”从此以后，罗宾逊再也不敢嘲笑这位年轻的律师了。

“依靠自己，相信自己，这是独立个性的一种重要成分，”米歇尔·雷诺兹说道，“是它帮助那些参加奥林匹克运动会的勇士夺得了桂冠。所有那些在世界历史上留下名声的伟人，都因为这个共同的特征而同属于一个家族。”

只有自信与自尊，才能够让我们感觉到自己的能力，其作用是其他任何东西都无法替代的。而那些软弱无力、犹豫不决、凡事总是指望别人的人，正如莎士比亚所说：他们体会不到也永远不能体会到自立者身上焕发出的那种荣光。

学会为自己鼓掌

人生需要经常为自己鼓掌。当我们受到别人的冒犯与慢待的时候，当我们遇到不如意不顺心事情的时候，我们不要只会流泪与诅咒，有句话说得好：“眼前的一切都会过去的。”我们应该为自己鼓足勇气，树立信心，不被别人的冷言冷语所击垮。我们更应该为自己鼓掌：相信自己一定是有能力的，自己不是懦弱之人。

我们每个人都要懂得，人生就如同舞台，我们每个人都是这个大舞台上的演员，在平时，台下有很多双眼睛看着你的一言一行，一举一动。如果你的言行举止非常精彩，台下自有很多掌声回报你。但是，你要明白掌声不是说来就来，它时常与人们做着不规则的游戏。一般来说，掌声总是垂青于成功者，一个人要想在人生舞台上分分秒秒地演好每场戏，并且时时能够得到阵阵精彩的掌声，恐怕是非常难的。因为对于一个人来说根本不可能永远是常胜将军，无论做什么事情总有失败的时候。

做到为自己鼓掌并不难，只需我们多看看自己的长处就可以了。人，总是有所长也有所短的，能够以自己的长补自己的短，这叫真正的自知之明。著名演员潘长江虽然个头有点矮，但他想得开："我个子矮咋啦？我比你离天高！"正是凭着这种自信，他注意发挥自己在表演上的优势，不照样也成了大明星！《简·爱》中有句话："我贫穷，低微，不美丽，但当我们的灵魂走过坟墓时，我们都是一样的。"放飞心情，看重自己，扬起自信的风帆，多为自己鼓掌加油吧，这样你就会更容易达到成功的彼岸。

为自己鼓掌可谓是一种精神的复活，它能够让你从逆境中走出来。这是因为，有了自己的掌声，就会让自己远离流言蜚语，给自己一份明澈的心境；自己为自己鼓掌，你就能在自己掌声氛围中，燃烧起希望的火种。

有一个学校举行文艺汇演，结果实在很糟。在刚上台的时候，一位同学因裙子太长而摔了一跤，另一个同学因太紧张而乱了方寸，一曲还未终结就下台了，台下的观众在那里放肆地吹口哨、喧哗。在嘈杂声中，人们意外地听到了一次有力而单调的掌声，声音来自上台演出同学的班主任。

在演出开始之前，她就对自己班里将要演出的同学们说："无论演出的结果如何，我都永远支持你们。"我们都知道，无论是老师还是全班同学，都希望此次演出能够成功，甚至获奖，然而，上台演出所发生的一切却不尽如人意。

在演出结束之后，班主任对参加演出的几位同学说：“虽然没人为你鼓掌，但是你要学会为自己鼓掌。给自己一份信心，一份希望，即使最后失败了也没有关系。”

事实确实是这样的。因为当我们站在人生大舞台上时，都害怕孤独，都希望听到人们高声地为我们喝彩；当我们风雨兼程地跨过三百六十五里路程的时候，都想让希望的掌声响起来。然而，我们所希望的这一切都没有发生，没有使我们忍不住眼泪掉下来的喝彩和掌声，没有飞向我们的爱。

千万不要因为没有人为我们喝彩而感到灰心丧气，我们要知道自己是可以为自己喝彩的。因为只有我们才知道自己每天都在一点点地进步，一点点地在不断地成长。我们只要把这一点点记在心里，就知道我们是如何战胜困难的，就看到了我们成长的足迹，就自然能够扬起前进的风帆。

每个人都首先应该学会为自己鼓掌。卡耐基说过一段耐人寻味的话：“发现你自己，你就是你。请记住，地球上没有一个同你一样的人……在这个世界上，你是一种独特的存在。你只能以自己的方式歌唱，只能以自己的方式绘画。你是你的经验、你的环境、你的遗传造就的你。不论好坏与否，你只能耕耘自己的小园地；不论好坏与否，你只能在生命的乐章中奏出自己的发音符。”

的确是这样，世间的每一个人都是独一无二的。这个独特的“我”，既有优点，也有不足。一个人只有充分地自我接纳，懂得为自己鼓掌，才能够使自己有一个良好的自我感觉，才能自信地与他人进行正常的交往，出色地发挥出自己真正的才能与潜力。假如一个人不懂得欣赏自己、接纳自己、为自己鼓掌，而老是以怀疑的、否定的态度看待自己，就有可能限制甚至扼杀自己的生命力。事实上，在我们的身边有很多因为自卑自怜、自暴自弃等各种心理原因而造成的自寻短见的事例，不仅给家人造成了痛苦，同时也给社会造成了重大的损失。

为自己鼓掌并不是傲视一切的孤芳自赏，也不是唯我独尊的狂妄不羁。因为它不需要大动干戈的勇气，也不需要改头换面的毅力，它只属于一种醒悟、一种心境、一种面对困难，能给予自己信心的源泉，一种推动自己向挫折与失败挑战的勇气与动力。

人的一生多磨难，我们每个人都应该做到不断地为自己鼓掌。风又如何，雨又如何，笑又如何，哭又如何！为自己鼓掌，人生的道路自然就会越走越宽广，人生之路也会越走越坦荡！

为自己鼓掌，当暴风雨袭来时，最好的办法就是勇敢地面对它，超越它。如果你能够跨越人生道路上的重重障碍，迎接你的将是一个更加灿烂的明天。

不要活在别人的目光里

年轻有为的莫尼卡·狄更斯在二十几岁时，就是小有名气的作家了。可是，她依然举止笨拙，自卑感十足。因为，她有点儿胖，就为这一弱点，使她总觉得衣服穿在任何人身上都比穿在自己身上要好看得多。每当出席宴会时，她总要在出发之前打扮几小时，可是一走进宴会厅还是会感到自己一团糟，总是感觉别人在她背后评头论足，在心里耻笑她。

一次，莫尼卡被邀请去参加一个不太熟悉的宴会，她忐忑不安地去了。在门外，她遇到另一位年轻女士。

年轻的女士问她："你也是要进去参加宴会的吗?"

她扮了个鬼脸道："想要进去啊!"年轻的女士继续说："我一直在附近徘徊，想鼓起勇气进去，可是我很害怕，总担心别人会议论我什么。"

莫尼卡十分不解，她站在有灯光照映的门阶上看着她，觉得她很漂亮，比起自己来要好得多。莫尼卡坦诚地说："我也很害怕。"双方相视一笑，紧张的情绪顿时消失了。于是，她们一起走了进去，并且在彼此的相互鼓励下，开始和别人谈话。这对莫尼卡来说是一次很好的锻炼机会，她第一次觉得自己已经不再扮演局外人的角色了，而是成为人群中的一员。

当她穿上大衣准备回家时，莫尼卡和她的新朋友谈起各自的感受。

年轻的女士问："觉得怎么样？"

莫尼卡说："比起以前来要好得多，你呢？"

"和你一样，其实我们并不孤独。"

莫尼卡仔细思量着朋友的这句话，觉得十分有道理。她在心里默默地想着："以前我总觉得孤独，认为世界上每一个人都信心饱满，可是如今却遇到了一个和我同样自卑的人，这时我才发现我的想法是错误的。长期以来，我的思想一直被害怕侵蚀着，所以根本不会去想其他的，现在我得到了另一个启示：表面上看起来夸夸其谈、谈笑风生的人，实际上心中也有可能忐忑不安。"

不要活在别人的目光里，当你太过于在乎别人的想法时，你会对自己失去信心。在想尽办法取悦他人的同时，一切行为可能更加糟糕，自卑感顿时会油然而生，这时，脑海中又会不停地假想别人对你的种种看法，当然一般不会向好的方向想。此时，你就会有过度的否定反馈、压抑及不良的表现。

为了让生活轻松快乐，最重要的是看自己能做些什么有意义的事情。不要过多地在乎别人对你的看法，将自己的事情做到最好，别人一定会给你肯定的称赞。

据说，法国一位叫伊尔·索尔芒的著名的心理学家，在调查了全世界的18个贫困的国家后，他得出了这样的结论：人类最大的敌人不是灾祸，不是瘟疫，不是令人憎恨的战争，人类最大的敌人就是自己，自己的怯懦，自己的虚荣，自己的恐惧。自己都不相信自己的时候，你就什么都完了。所以，“相信自己”很重要。

有一位外科医生，他以善做面部整形手术闻名遐迩。他创造了许多奇迹，经整形把许多丑陋的人变成漂亮的人。他发现，某些接受手术的人，虽然为他们做的整形手术很成功，但仍找他抱怨，说他们在手术后还是不漂亮，说手术没什么成效。

于是，这位著名外科医生悟到这样一个道理：美与丑，不仅仅在于一个人的本来面貌如何，还在于他是如何看待自己的。

一个人只要相信自己是最棒的，那么，他就能成为自己希望成为的那样的人。

世界著名影星索菲亚·罗兰第一次踏入电影圈试镜时，摄影师抱怨她那异乎寻常的容貌，认为她的颧骨、鼻子太突出，嘴也太大，应当先去整容一下再试镜。她却说：“我不打算削平颧骨、换个鼻子和嘴巴。你们不喜欢灯光照在我脸上的样子，要解决这个问题，不是我要整容，而是你们要好好想想应当怎样给我拍照。虽然我的脸长得不漂亮，但长得很有特色。”

这就是自信的魅力！

在人生的大舞台上，每个人都是自己岗位上的主角。因此，我们不要总是被别人的言论所操纵，而要相信自己、主宰自己。

毕加索年轻的时候，他的画被很多人否定过，但是他说："我不认为我的画不好，我认为它是好的，我对它是极认真的，它倾注了我的全部心血，也许它并不完美，但是我会继续努力，不断完善它。我不企求别人都肯定我的画，但我知道总有人会欣赏我的画，我代表我自己，但也可能表现一群人的想法，尽管这群人不是很多，但毕竟有。所以，我迟早会被一些人肯定。"最终他成为一代伟大的画家。

我们生命中成就的大小，大半看我们能否对自己有信心，能否拒绝一切足以损害能力、降低效率的精神敌人于心胸之外。

荷兰出生的世界上最伟大的画家凡·高，他的艺术对现代绘画影响非常大，特别对苏联和德国表现主义影响更深远。他一生画了800幅油画和700幅素描，但他的全部作品在其生前仅仅卖出去了一幅。他的一生都是在贫困潦倒中度过的，始终在和贫穷、困难和失败作顽强搏斗。在17年的绘画生涯中，他不在乎别人对他的评价，他始终坚持画他的思想，画他对生活的认识，并强烈地意识到这才是他真正的职业。

经历了近百年的艺术考验，他的作品成为世界拍卖史上最昂贵的油画，争相被世界各大博物馆收藏。

假如你现在的生活还不尽如人意，先不要在意别人的看法，你要相信自己的直觉，丰富自己的梦想，这样你才会对未来有希望。

法国哲学家巴斯卡曾说：“心灵具备某种连理智都无法解释的道理。”因此，我们要敢于大胆地跟随梦想前进，别害怕自己的能力有限，但也不要盲目。假如物理难倒了你，你可能没有机会成为量子物理学家；假如你已经四五十岁了，你可能无法在职业篮球赛中闯出一番天下；但是我们还有许多梦想可供选择。

如果你觉得自己一无是处，那是你并没有完全认识自己的表现。当然，也许我们没有贝多芬那样的天赋，也没有毕加索和凡·高那样精湛的画技，但是天生我材必有用，当你对自己有信心时，生活将不会辜负你。

信心对每个人都很重要，因此，要相信自己在某些方面的能力，不要愁眉苦脸，不要满心忧虑，不要愤愤不平，不要对过去耿耿于怀，不要对未来忧心忡忡，尝试换一种获取成功的方式，你也许会感到轻松和快乐。

经常想想什么事是你想做的，什么事是可以令你既觉轻松又乐在其中的，这有助于你去认知自己的才华，假如把这些才华运用在对目标的追求上，成功的机会将会更多。

生活不会辜负你的期待

美国著名女明星卡罗·伯娜蒂小时候，妈妈和外婆都叫她“可怜的伯娜蒂”，她不仅身材瘦削，而且长着一张难看的瘪嘴唇，几乎没有下巴。丑陋、阴沉、寡言，就是她在洛杉矶度过的童年时代给人的印象。伯娜蒂一直在心中问自己：“难道在我身上真的没有一点可用于创造自己美好人生的某些天才素质了吗?”

有一个声音一直在她的心底轻轻说道：“有的，有的!”

虽然她并不知道这究竟会是什么天才，但她仍去洛杉矶大学报了名。读大学在当时是件并不容易的事。伯娜蒂家并不宽裕，爸爸和妈妈离了婚，爸爸经常来看她，每次来就给一二美元。自爸爸离家后，妈妈与外婆之间老是不和，她们经常为了钱，为了家里少这缺那而发生争吵。最后，妈妈也像爸爸一样开始喝酒。

在伯娜蒂的少年时代，她经常去电影院看电影，平均每周几乎要看三场。有许多电影她反复看了两三遍。

到周末她就与一些好朋友一起去看电影，回家后，就一起排演刚看过的电影片段。有时当伯娜蒂一人在家时，她就打开收音机在房内跳舞，她常常从沙发上跳到床上，从床上跳到桌子上，一直跳到有人来为止。只有在这时，她才感到自己是一个有生气的人。

当洛杉矶大学接纳她后，伯娜蒂才发现，他们并没按她的愿望让她读新闻专业。当她打开课程表时，发现自己被分在“T”班——戏剧艺术系。天哪，她简直要疯了：他们一见我那不雅观的面容不要笑我吗？虽然伯娜蒂清楚，不能将这件事告诉妈妈和外婆，但她还是办了入学手续。

那一年，伯娜蒂努力试演每一个供学习用的独幕剧，最后她在一个26分钟的喜剧中扮演了一个乡村妇女的角色。此时，她仍然没有勇气将她正在追求的事业告诉妈妈和外婆，所以，她也没叫她们来看自己的演出。

开演的那个晚上，伯娜蒂很紧张。但是，一出场满堂笑声一下子就使她感到放松了，心中充满激动和受欢迎感，她感到在自己的内心开始产生一种好的感觉，一种温暖感，这种感觉传到她的全身。她一直沉浸在兴奋与激动中，没有任何人在意她是否漂亮、是否可爱、是否富有，这些都成了无关紧要的事情。

在进入大学的第三年，伯娜蒂与一个叫多恩·塞劳扬的同学恋爱了。他们在一起谈论的所有打算就是怎么去纽约、去百老汇。伯娜蒂的理想是能在乔奇·阿伯特导演的音乐喜剧中担任角色。就在这时，他们被邀请参加一次豪华的社交聚会。节目演完后，伯娜蒂来到餐品柜台前，正当她急匆匆叉起几块诱人的小甜饼放入自己的手提包，准备带回家给妈妈和外婆吃时，一只大手从背后搭到她肩上，啊！天哪，她被抓住了！

伯娜蒂转过身来，看到了一位矮胖的、大约50岁开外、穿着黑色晚礼服的男子，在他旁边还站着一个妇人，两人都向她微笑着。当她悄悄拉上手提包时，多恩也过来了。有人把他俩介绍给了C先生和C夫人。

“我们很欣赏你们的演出，”C先生说，“这是不是你们喜欢并打算终身从事的事业呢？”

“是的，我是这样想的。”伯娜蒂回答道。

“很好，然而，你们为什么还不是一个职业演员呢？”

多恩抢着回答说：“所有的歌剧院都在纽约。”

“那么，就到纽约去嘛！”

“也许有一天我们会去的。”伯娜蒂说。

“现在就去！为什么你们现在不去呢？”

伯娜蒂盯着他说：“钱！没钱！”

他指着自己的胸脯说：“看我，当我踏上社会时身无分文，现在我已拥有大量财产！去纽约你们需要多少钱？”

“噢，起码要1000元钱。”这时伯娜蒂已有些疲倦了，正打算回家。

“好，我给你们，”C先生说，“下星期来看我，我给你们钱。”

在回家的路上，伯娜蒂和多恩一直在猜想C先生的话究竟是什么意思，是不是他喝多了香槟？

第二个星期一，他们如约来到C先生住处。当伯娜蒂他们进入C先生的办公室时，他正坐在一个巨大的办公桌后面。

屋内很安静，她坐立不安地坐在椅子里。C先生问他们："是什么使你们认为在纽约能成功？"

"我不是认为我能成功，而是知道我一定能成功。"说完这句话，伯娜蒂对自己会这么胆大妄为地说出这句话也感到惊异。

"好，这是一个艰苦的职业。但是，你的自信让人相信你一定能成功。"他说，"我打算借给你们每人1000元。你们可以在5年内还我，不计利息。"

他给他们每人一张支票。在伯娜蒂的生活中，她从没见到过这么多的钱。当他们起身告辞时，一再向他道谢。

1954年，伯娜蒂来到纽约，被选任排演俱乐部总管。于是她就召开了一次俱乐部成员会议，她一下成了一个被人重视的人物。

1955年3月3日，是伯娜蒂首次在纽约公演的日子。那晚，剧院里坐满了许多大人物。

当演出即将开始，剧场灯光渐渐暗下去时，伯娜蒂感到自己快要停止呼吸了。她心想："就这次机会了，如果我的演出不能赢得他们的喜爱，我将就此退出舞台。上帝，请帮助我！"她演唱的是一首性感的、有趣的通俗歌曲，它是由埃赛·凯蒂在百老汇唱红的，描述一个困倦奢侈而热烈向往新生活的少妇心态的歌。

纽约的观众非常熟悉这首歌。那天伯娜蒂脚穿一双邋遢的平底鞋，头戴一顶卷发头套，身穿一身从旧货店买来的那种不修边幅的女人穿的旧衣服。演出非常成功，赢得全场的喝彩声，她一连几次出台谢幕。

那次演出后，事情进展十分迅速，纽约北部地区与伯娜蒂签订了歌唱喜剧的演出合同，波尔·威查尔电视台给她一个演员职位，格雷·摩电视台聘请她担任客串演员。1959 年 5 月，伯娜蒂来百老汇的梦想终于实现——她成了乔奇·阿伯特导演的一个歌唱喜剧的主角。这出戏成了百老汇最引人注目的一出戏。

伯娜蒂的经历让我们明白，只要你自己有信心，并愿意为理想付出努力，积极为自己寻找机会，生活就不会辜负你的期待。

PART 03

勇敢坚强，坦然面对困境

在苦难面前选择坚强

在苦难面前，很难做出选择，是选择坚强还是选择消沉？即使那些在一开始就选择坚强的人，在历尽千灾百难仍看不到前途后，最终也难免会选择消沉。但是，苦难不会手软，不会因为我们放弃了坚强，就仁慈地放过我们，反而会变得更加肆无忌惮，不断地消磨我们最后的意志。

丁未，一个普通的研究生，却用自己短暂而充满磨难的生命向世人展示着“坚强”二字。

1996 年，来自农村的丁未，踏入了某著名大学，丰富而精彩的大学生活，给这位年轻人带来了无限的快乐。

可是无情的病魔却把魔爪伸向了这个前途无量的年轻人，在一次体检中，被查出得了胃癌。家里倾尽所有，最终把他从病魔的手里夺了回来。似乎上天也在怜爱这个坚强的人，他很快恢复了健康。

2000 年，他顺利毕业并如愿找到工作。尽管自己是一个癌症康复病人，但丁未积极上进，一边工作一边准备考研。

2002年，丁未以优异的成绩考上了该大学文史类的研究生，主攻文史方面的课题。

可是上苍又一次将厄运的魔爪伸向了他，开始研究生学习不久，他的癌细胞开始向肺部转移。而他选择的课题非常难，非常累人，但是他从没有退缩过。

2005年6月，丁未迎来他的论文答辩，同时也是他生命的最后阶段，面对学校为他制定的病房答辩方案，他毅然选择了回学校答辩。

在完成答辩一个星期后，这个坚强的年轻人带着微笑，离开了这个世界。临走时，只留下了两个字："谢谢。"他带着感恩的心来到了这个世上，又带着感恩的心离开了这个世界。

年轻气盛时，我们拥有的是执着，是热情，是倔强，当我们的热情耗尽了，疲惫了，不再意气用事了，难道我们就开始怀疑以前所做的都不对吗？ 开始放弃吗？ 命运给了每个人一段足够长的时间去行走，我们无法改变生命的长度，所以只能去改变它的宽度，尽量多去为这段旅程做一些事情，这样的决定和付出我们该后悔吗？ 生命是不能回头的，困难时就给自己一个坚强的理由吧！

孙杰是一位可歌可泣的坚强女人，原本她有一个幸福的家庭，可是丈夫在一次车祸中高位截瘫。开始她抱怨命运的不公，跟她开了这样一个玩笑。但不久，她为了不让这个幸福的家庭毁掉，就坚强地挑起了伺候丈夫和养家的重担。

十年来，她一心一意侍奉丈夫，每天除了上班就是为丈夫按摩、擦洗等等。每天都对丈夫说些鼓励的话语，使他每天坚持锻炼，经过十年的治疗和锻炼，再加上健身器的辅助治疗，终于使丈夫从一名高位截瘫病人变成生活可以自理的正常人。

在此期间，孙杰为丈夫付出了很多，有时赶上丈夫心烦，就经常受到丈夫的责骂。但孙杰给了自己坚强的理由，不管今后的人生道路是否平坦，都要坚强地好好活下去，让生活变得更精彩，自己变得更坚强。

坚强的人是不怕输的，要越挫越勇，只要自己努力，无论成功与否，人生是不会留有遗憾的。

王勇是一名成功的男人，他有着令人羡慕的财富和办事能力，他待人真诚、亲切，浑身上下散发出积极向上的力量。跟他在一起，让人觉得生活特有奔头，再大的挫折也能跨过去。他的成功，就是不怕输。也正是这股精神，才使他事业成功。

1990 年，王勇从黑龙江迁至青岛定居。他以前从事的是边境贸易，在销售方面比较在行，再加上他性格热情又善于沟通，所以他找了份市场推销的工作。他一开始是为消防实业公司推销消防器材，可这一行不太景气，于是他又跳槽到一家房地产公司做了一名销售代表。他认为，做地产销售一定要对客户负责，为客户提供最准确最及时的信息。于是他骑自行车跑了一星期，把青岛市里的房地产市场摸了个遍，回来后列出一张表格，将各家的地理位置、配套情况、面积、物业管理、能否按揭等情况逐一列出，在向客户介绍时，能令客户信服。对于那些在他这里没有找到合适房子的客户，他又热心地为他们提供信息，指出哪里有他们需要的房子。就这样，凭着自己的真诚与厚道，他很快就有了一大批稳定的客户关系，甚至还有大批客户给他带来回头客。因此，他的销售业绩呈直线上升，一年之后，他就被升为销售主管。后来，因公司信誉的原因，他毅然决定离开。

一次偶然的机会，王勇在建材市场上看到有胶合板出售。他想到自己老家也产这种胶合板，这可是个好机会。他马上托朋友从老家带来胶合板样品，拿到建材市场给买主看。对方看了后，对样品比较满意，就向他订了一批。王勇很高兴，马上凑了 10 多万元，以付一半赊一半的形式从老家发来两车皮胶合板。货到后，由于先前的买主欺负他没经验，便趁此机会向他压价。他简直是气疯了，又没有任何办法。他坚强地挺了过来，决定即使这些货全砸了，也不让奸商得逞！于是他租了间房子把货囤了起来，然后四处寻找新的买家。同时，采取“以货易货”的办法，把胶合板换成了家具。经过他的一番努力，生意虽然没有赔钱，却让他劳心劳力，还奔走忙碌了近一年半的时间。

坚强的人是不怕输的，敢于也敢输。他看准山东作为一个产棉大省，在家饰这块却没有自己的著名商标，主要以出口加工为主。于是他决定做家饰。在这期间，王勇又一次次的失败，但他却是越挫越勇，最后终于成功了。他的产品进了青岛、北京各大商场，并在山东省有了三家加盟店。

有这样一句歌词："有时候我也会碰到不如意，宁愿哈哈大笑，也不要哭哭啼啼，不要浪费时间一直躲在后悔里，要找回那颗不认输的心。"它告诉我们，要坚强地去面对生活中的种种不如意，不要去逃避，更不要让意志消沉下去。

自强者终能得救

在通往目标的历程中遭遇挫折并不可怕，可怕的是因挫折而产生的对自己能力的怀疑。 其实，挫折并不能证明什么，因为我们是人而不是神，我们不可能十全十美。 相反，我们能力的大小，只有在经受了各种各样的考验之后方能证实。 挫折就是这样一种必须经受的考验，它可以提醒我们去寻找和发现我们自身的不足之处，然后进行弥补和改善。 挫折使我们有了这样一种机会：让我们清醒地认识到事情是如何朝着失败的方向转变的，以使我们在将来能够避免因重蹈覆辙而付出更加高昂的代价。

最重要的是，挫折还使我们看清了自己在通往目标的道路上有一个必须去加以征服的敌人，这个敌人不是别人，他就是我们自己。 人类最杰出的成就经常是在战胜自我的同时被创造出来的。

艰难困苦对生活的强者来说，犹如通向成功之路的层层阶梯，而对生活的弱者来说却是万丈深渊。 生活告诉我们这样的哲理："在人类的历史上，成就伟大事业的往往不是那些幸福之神的宠儿，却反而是那些遭遇诸多不幸却能奋发图强的苦孩子。"

古往今来有许多这样的例子。

德国大作曲家贝多芬由于贫困没能上大学，17 岁时得了伤寒和天花，之后，肺病、关节炎、黄热病、结膜炎又接踵而至，26 岁时不幸失去了听觉，在爱情上他也屡屡不顺。在这种境遇下，贝多芬发誓"要扼住命运的咽喉"。在与命运的顽强搏斗中，他的意志占了优势，在音乐创作事业中，他的生命重新沸腾了。

英国诗人勃朗宁夫人 15 岁就瘫痪在床，后来靠着精神的力量同病魔顽强搏斗，39 岁时终于从病床上站了起来。她写的《勃朗宁夫人十四行诗》一书驰名于世界。

德国天文学家开普勒，是个只在母腹中呆了 7 个月的早产儿。他一降生，就连遭不幸：天花使他成了麻子，猩红热又弄坏了他的眼睛。父母双亲对这个多灾多难的小生命也没有爱和温暖，不愿负责任。陪伴着他度过一生的，除了宇宙和星辰，剩下的就是贫困和疾病。

早在孩提时代，开普勒的求知欲和上进心就极为旺盛，他的学习成绩一直在同学中遥遥领先。正当瘦弱多病的开普勒尽情地遨游在知识海洋的时候，不幸的事情又降临到他的头上：父亲因为负债，不能继续供他读书。

失学之后，他只能到自家经营的小客栈里提酒桶、打杂。但是，他始终没有放弃学习。

成家之后，开普勒更加发愤地继续他在天文学方面的研究。他把自己写的书寄给远在布拉格的天文学家第谷·布拉赫。布拉赫对他很关注，回信表示欢迎他去布拉格。

去布拉格的路程是遥远的，妻子担心开普勒的身体受不了，劝他放弃此行，他坚毅果断地说："无论怎样我们一定要去！"

途中，开普勒病倒了。在一家乡村小客栈里，他们住了几星期。带的一点点路费早就花完了，病人要买药，妻儿要吃饭，而周围又没有一个亲人。绝望中，开普勒只好向第谷·布拉赫求救。多亏这位同行慷慨相助，雪中送炭，才使他一家活着熬到了布拉格。

在布拉格，开普勒竭力研究火星，想得到它的秘密。这个时期，是他一生中最快乐的时光。可惜，好景不长，他的良师益友布拉赫溘然长逝。这不仅在事业上使开普勒受挫，而且他一家的生活也因此又陷入困境。

有人说："开普勒的一生，大半是孤独地奋斗……布拉赫的后面有国王，伽利略的后面有公爵，牛顿的后面有政府，但是开普勒的后面只有疾病和贫困。"

然而，没有任何困难能止住开普勒。他倒了，又站起来。他不断地失败，但是他把这些失败都收拾起来，建成一个高塔，终于抓到了天体运动的三大定律。

生活中有许多人做事最初都能保持旺盛的斗志，在这个阶段，普通人与杰出的人是没有多少差别的。然而往往到最后那一刻，顽强者与懈怠者便各自显示出来了，前者咬牙坚持到胜利，后者则丧失信心放弃了努力，于是便得到了不同的结局。

一个人可能会由于家庭、身体等种种原因而感到失意，但只要他内心深处坚信自己是能够有所作为、能干一番事业的，这样，他就能产生战胜困难、向命运挑战的巨大勇气，而他的社会价值，也终会在所从事的事业中实现。18 世纪德国诗人歌德用 26 年的时间完成了一部不朽名著《浮士德》。作品完成后，他的秘书请他用一两句话概括作品的主旨，他引用浮士德的话说：“凡是自强不息者，终能得救！”

相信苦难不会长久

这天，罗伯特·斯契勒来到芝加哥，向一群中西部农民发表演说。虽然他满腔热忱，但很快便被他们凝重的面色泼了一盆冷水。他们强作热情地接待罗伯特，其中有位农民告诉他说：“我们正过着艰苦的日子，我们需要帮助，我们最需要的是希望，给我们希望吧。”

在罗伯特开始演讲前，主持人向这些听众做介绍，他把罗伯特形容为一个成功的人，但是听众不知道，罗伯特也曾走过他们现在所走的路。

罗伯特的童年是在中西部的一个小农场里度过的。他的父亲本来是一个雇农，后来积够了钱才买了一个65公顷的农场。经济大萧条时，罗伯特还只有3岁。那年冬天，他们有时连买煤也没钱。那时候罗伯特也要工作，他要爬进猪栏，捡拾猪吃剩后的玉米棒子，用来做燃料。那些日子真苦啊！

第二年春天，又遇到严重春旱。罗伯特的父亲准备把辛辛苦苦留起来的几斗宝贵的玉米用作种子。

“种了可能枯死，何必还要冒险去种呢？”罗伯特问。

他父亲却说：“不冒险的人永无前途。”

于是，他父亲把留起来的最后一些玉米粒和燕麦，全都拿出来种了。可是，第四个星期过去了，还不见有雨来临，父亲的脸绷得紧紧的。他和其他农民聚在一起祈祷，请求上帝拯救他们的田地和作物。后来，雷声终于响起。天下雨了！虽然罗伯特雀跃万分，但是他的父母知道雨下得不够。烈日不久就再次出现，天气又热起来了。他父亲抓了一把泥土，只有上面四分之一是湿的，下面全是粉状的干泥。

那年夏天，罗伯特看见弗洛德河逐渐变得干涸，小水坑变成泥坑，平时灵活扭动的鲇鱼都死了。他父亲的收成只有半车玉米，这个收成和他所播的种子数量刚好相等。父亲在晚餐祈祷时说：“慈爱的主，谢谢你，我今年没有损失，你把我的种子都还给我了。”当时并不是所有的农民都像他父亲那么有信心，一家又一家的农场挂起了“出售”的牌子。他父亲当时请求银行给予帮助，银行信任他，而且帮助了他。

罗伯特还记得童年时穿着补缀的大衣跟父亲去爱阿华银行，他记得那家银行的日历上有这样一句格言：“伟人就是具有无比决心的普通人。”他觉得父亲就是这种坚强态度的榜样。

若干年后六月里的一个寂静下午，罗伯特家受到龙卷风的侵袭。他们起初只隐约听到一阵可怕的怒吼声；慢慢地，风暴逐渐逼近了。忽然天上有一堆黑云凸了出来，像个灰色长漏斗般伸向地面。它在半空中悬吊了一阵子，像一条蛇似的蓄势待发。父亲对母亲喊道："是龙卷风，珍妮！我们得赶快离开这里！"转瞬间，他们便已慌慌张张地开车上路。南行三公里之后，他们把车子停好，观看那凶暴的旋风在他们后面肆虐……等他们返回家后，发现一切都没有了，半小时前那里还有九幢刚刷过的房屋，现在一幢也不存在，只留下地基。父亲坐在那里惊愕得双手紧握方向盘。这时，罗伯特注意到父亲满头白发，身体由于艰辛劳作而显得瘦弱不堪。突然间，父亲的双手猛拍在方向盘上，他哭了："一切都完了！珍妮！26 年的心血在几分钟内全完了！"

但是，他父亲不肯服输。两星期后，他们在附近小镇上找到一幢正在拆卸的房子，他们花了 50 美元买下其中一截，然后一块块地把它拆下来。就是用这些零碎东西，他们在旧地基上建了一幢很小的新房子。以后几年，又陆续建筑了一幢幢房屋。结果，他父亲在有生之年，看到了他的农场经营得非常成功。

讲完了自己的故事，罗伯特告诉听众："苦难不会持久，强者却可长存！"听众顿时响起热烈的掌声。那些曾经陷入沮丧情绪、失去希望的人，重新获得了希望。他们有了新的憧憬，再度开始梦想未来。

当你面对艰苦日子的时候，千万不要泄气，不要绝望，要坚持硬挺下去。 如果困苦好像达到极点的时候，你要提醒自己：苦难不会持久，强者却可长存！

所有苦难都是有价值的

“天将降大任于斯人也，必先苦其心志，劳其筋骨，饿其体肤，空乏其身，行拂乱其所为，所以动心忍性，曾益其所不能。”要想取得成功，必须经历苦难。如果我们不只把苦难当作苦难，还把它当作学习的机会，那么，我们就能在人生的风雨中走得更为从容。

所有的生命都要经受命运的考验，就像每个人都要经历生老病死一样。我们无法逃避命运的考验，但我们可以选择以乐观而坚强的心态面对。只有经受住了风霜雪雨的考验，才能收获秋天的累累硕果。

在一条河岸边的寺庙里，有一堆杂乱摆放的泥人。有一天，一位神仙路过这里，对他们说：“如果你们当中有一个敢走到河的对面，我就会赐给这个泥人一颗永不消逝的金子般的心，他就可以成为神仙。”

这道旨意下达之后，泥人们久久没有回应。最终有一个小泥人站了出来，有点羞怯地说：“我想过河。”

话音刚落，其他的泥人就七嘴八舌地议论起来：“泥人怎么可能过河呢？你是不想活了吧！”“泥人最怕的就是水，你要从水上走过，不是最后就什么都没有了吗？”“身体都被融化掉了，你还要金子般的心做什么呢……”

这个小泥人说：“我不想做一辈子的泥人，我想尝试一下，我知道你们是为我好，但是，我还是想有一颗金子般的心。”

说罢，小泥人告别了伙伴，来到了河边。他的双脚刚踏进水中，就感觉到一阵撕心裂肺的痛楚。他感到自己的脚在飞快地融化着，每一分每一秒都在远离自己的身体。此刻，他真想回到寺庙里。但是，他知道，后悔已经来不及了。如果回去，自己也是个残缺的泥人，与其那样，还不如继续向前走。

“快回去吧。不然你就会毁灭的！”河水看着泥人的痛楚不忍心地说。

但是，泥人摇了摇头，仍然坚定地朝前走去。小泥人向对岸望去，看见了美丽的鲜花和碧绿的草地，还有轻盈飞翔的小鸟。此刻，他感觉自己忽然有了力量，仿佛疼痛也不再那么剧烈了。

疼痛让小泥人流下了泪水，冲掉了他脸上的一块皮肤。小泥人赶紧仰起头，把泪水忍了回去。小泥人的双脚此刻已经融化了大半，但是，他已经没有退路了。水下松软的淤泥让他每走一步都非常吃力。有无数次，他几乎被汹涌的河水吞噬掉。小泥人真想躺下来休息一会儿，可是，他一旦躺下，就会永远安眠，甚至连痛苦的机会都会失去。他只能忍受着痛苦，坚持走到河的对岸，那个开满鲜花的地方。

时间过了很久，就在小泥人感觉自己快坚持不下去的时候，他忽然发现，自己居然走到了河的对岸。小泥人欣喜若狂，他仔细地打量一下自己，发现自己已经什么都没有了——除了一颗金灿灿的心。他正在迟疑着思考一颗心怎么生存的时候，突然发现自己的身上慢慢长出皮肤，原来，他已经变成了神仙。

他什么都明白了，任何生命都要经受命运的考验。花草的种子先要穿越沉重黑暗的泥土才得以在阳光下发芽，小鸟要跌折无数根羽毛才能够锤炼出凌空的翅膀，河流要经过百转千折才能流进宽阔的大海。而作为一个小小的泥人，他只有以一种无所畏惧的勇气接受命运的考验，才能创造奇迹，收获一颗金子般的心。

生活的苦难是人生无法回避的，我们无须为经历的苦难、痛苦而迷惘，而是应该总结苦难，穿越痛苦，去发现生活中阳光的一面。

每一个和尚刚入空门时，几乎都要从最辛苦的行脚僧开始磨炼，鉴真和尚也是如此，每天行走化缘就是他的工作和任务。日复一日，这种枯燥艰辛的生活，任谁都会产生乏味的心理。

这一天，已经日上三竿了，鉴真和尚仍未起床，他觉得太累了，一年三百六十五日的奔波，他想自己也该偷一天懒吧！可是，住持没有看见鉴真出去，立刻就去了他房里探询。住持推开门后，看见鉴真和尚正在摆弄那些堆了半屋子的破草鞋。住持问鉴真："你生病了吗？今天怎么没有出去化缘？还是有什么事？你在这儿摆弄这些破草鞋做什么？"

鉴真和尚不好意思地笑了，说："我没什么事，也没有生病，只是看到这些草鞋颇有感触，这种草鞋是别人一年都穿不破的，而我只剃度了一年多，却穿坏了这么多双，今天我想为寺庙里节省一双。"

住持听后，拍了拍鉴真的头说："既然你今天不想出去化缘了，那么你就和我到后山走一走吧！昨夜刚下过雨，空气很清新呢！"

两人来到后山的时候，路已经被寺僧们踩得泥泞不堪了。他们边走边谈心，住持问他："你是想当一个普普通通的和尚，还是想当一名弘扬佛法的高僧？"

鉴真和尚回答："我出家本来就是为了弘扬佛法嘛！"

住持又问："昨天，你也走过这条路吧？现在还能找到你昨天的脚印吗？"

鉴真答："住持，您真爱开玩笑，昨天我走的时候，又没下雨，路上平坦而光滑，今天被雨水一淋，我怎么可能找到自己的脚印呢？"

住持又笑了笑，说："那我们今天走过的脚印。你能找到吗？"

鉴真说："当然能了，这可难不倒我，因为今天路上的泥泞可是写着我们的脚印呢！”

住持满怀深意地说：“这就对了，只有从泥泞的艰辛中走出来，你才能回头找到自己的脚印，你现在是个行脚僧，可能会觉得这个差事单调而乏味，但总有一天你会明白，所有的艰辛都会有它的价值的。”

所有的艰辛都是有价值的，任何苦难都不只是简单的经历。 它会为你累积走向成功所必需的信心及勇气，还有坚强的毅力。

中篇

眼界：眼界决定境界

PART 01

学无止境，开拓视野，增长知识

学习改变命运

学习是改变命运的利器，只有不断学习，才能让生活更美好。简单地说，可以把世界上的人分为学习者与非学习者。学习者是那些向周遭事物开放的人，他们学习，也听从教诲，当他们做了一件蠢事，他们不会再去做第二次；当他们做一件事情有了功效，下一次他们会更努力地做，把它做得更好。

松下幸之助先生可以说是日本企业界的一个神话。他早年家境贫寒，而且体弱多病，只有小学四年级的学历，然而，他是靠什么最终创建现在赫赫有名的松下电器公司并成为日本首富的呢？专家们有很多说法，但是其中有一点是不可否认的，那就是，松下先生是一个勇于学习、善于学习的人。正因为学习，才成就了他的辉煌。

松下先生曾经在一家电器商店当过学徒。同时在这家店里帮工的还有另外两个学徒，他们都是同时进入这家商店的。开始时，三人并没有什么不一样，大家干同样的活，但是渐渐地三人就显现出了差别。

松下幸之助以前从来没有做过电器方面的事情，这次到了一家电器商店工作，面对着那么多的电子产品，他感到了自己的无知。他心里对学习的渴望让他向这种无知发起了反击，他每天都比别人晚下班，用这些时间阅读各种电子产品的说明书，同时在其他两个同事外出休假的时候，他却参加了电器修理培训班，他在学习电器知识上面花了大量的时间，因为他决心用学习让自己成为这方面的内行。他的两个同事常常因为这些而嘲笑他说："一个学徒能成什么大事，还学什么啊。"而这一切都无法阻止松下先生继续学习的决心。

终于，通过不断的努力，他从一个对电器一窍不通的学徒变成了一个能够给顾客清楚明了地讲解电器知识的专家，并且还可以自己动手修理与设计电器。他通过学习改变了自己，将自己提升到了一个新的高度。这一切努力都没有白费，店主将这一切都看在眼里，对松下先生的这种学习精神非常赏识，不久便将他由普通学员变成了正式员工，并且将店里的很多事情都交给他处理，这为松下先生以后的创业打下了极好的基础。与之相反，他的两个同事最后的结果却是，因为一直没有学识上的进步，最终只能被商店解雇。

一个愿意学习并且善于学习的人最终会获得成功，因为学习会改变命运！

我们都有自己的理想和目标，我们都想成为一个优秀的人，我们都想追求更多的物质财富。我们也知道这一切都需要自己付出相当的努力，获取更多的知识才能得来，可是生活的琐事让我们拥有学习的时间越来越少，不是这边有事，就是那边有事，已经很少有时间能够安下心来静静地学习了。作为已经踏入社会的人很多时候会有这样的感觉。其实，正是因为这些不大不小的借口，让我们心安理得地去忽视学习。

查理斯·佛洛斯特本来是佛蒙特州的一名鞋匠，他不管怎样忙，每天都会花一个小时学习，后来成了一个著名的数学家。约翰·韩特是个木匠，他利用工作之余研究比较解剖学，每天晚上只睡四个小时，终于成为比较解剖学的权威学者。乔治·史蒂芬生在担任夜间值班的时候，努力研究，结果发明了火车头。其实，这些人也可以像其他人一样，找到足够的借口去做别的事，但他们没有安于现状，因为他们明白：他们想要拥有的一切都要靠学习来获取。

而发生在北京的、最真实的自考状元张立勇的事迹更充分地说明了这个道理。

> 1996年，连高中都没上完的张立勇来到北京清华食堂做了一名卖馒头的临时工。初入清华园，他如同刘姥姥刚入大观园，朝圣般地仰望着清华园里的一切。清华园里每天都有许多好的讲座，下了晚班后，张立勇总是匆匆赶到教室聆听大师们的讲座。因为下班时间总在晚

上8点以后的缘故，很多讲座张立勇只能站着听到结尾。这是他最幸福的时刻。

以后在清华的时间里，张立勇只要一有机会就去听讲座。在一次次的讲座中，他吸收着清华大学土壤中的学子精神，他将一个普通厨师和打工者的生活融入清华丰富的校园生活中。

在清华工作了一段时间，张立勇在熟悉和工作稳定后，并没有仅仅陶醉于清华大学优美的环境中，他决定把自己感兴趣的英语作为学习的突破口。他开始制定“残酷”的时间表：早上6点必须起床；6点15分至6点半跑步；6点半至7点背英语；7点至7点15分刷牙、洗脸；7点15分至7点半上班；午饭时间控制在8分钟之内，剩下的7分钟背英语；中午1点钟听英语广播；晚上8点下班，学习英语到12点；深夜12点45分至1点15分收听英语广播。

张立勇不仅自己刻苦自学英语，而且还积极参加清华大学的英语协会。除了协会活动，张立勇还多次光顾校园里的英语角，他听英语角的同学说，学英语一定要张嘴说，就像刷牙一样，刷牙之前得张嘴，所以就不管自己说得好与坏，都大胆地说出来。为此，他自己在清华的食堂还开设了一年左右的英语窗口，在卖饭的时候也说英语。经过几年的学习和张口锻炼，张立勇可以十分流利地讲英语，而且不仅是跟中国学生交流，也可以跟许多外国朋友对答如流。

尽管这样，张立勇也并没有满足，他还决定用国家规范的考试来检验自己的学习。于是，他决定去报英语四、六级考试，他要获得一个权威的认证，而不仅仅是个人的感觉。从2000年到2001年，一年多的时间他陆续参加国家英语四、六级考试，均以80多分获得通过，接着又考了托福，没想到托福总分670分，他竟然考了630分。

经过努力，张志勇获得北京大学本科文凭，被团中央评为全国十大杰出学习青年之一，并成为航空工业出版社《三导自考丛书》的代言人，获得了巨大的声誉。

他的一句名言也道出了学习改变命运的道理："我愿意用我刻苦自学的形象鼓励更多的青年人坚持学习，在全社会掀起学习的风尚，提倡学习改变命运，奋斗成就人生，知识就是力量！"

看到这里，也许有人会说："我年纪大了，学那么多有用吗？再学脑袋也不好使，学不进去了。"也有人会说："现在的工作我都会做了，学多了以后也不一定能派上用场。"这些观念是不正确的，古人说得好："活到得，学到老。"学习是没有时间和空间限制的。

作为通用电气公司副总裁、首席教育官鲍伯·科卡伦就常常由衷地说："相信我，你应该用你的一生学习，如果你想有所作为，完全发挥自己的潜能，如果你要进步得比人们所期望的更快……"确实，这里所说的学习不是可以找一本书就行了的，这远远没有那么简单，这里所说的学习是一生要做的事情。因为面对严酷而激烈的竞争环境，如果你不具备危机意识，不能通过不断学习来改变自己，就必将被时代所淘汰。

这不由得让人们想起受世人瞩目的哈佛大学的一条信条：哈佛字典里没有“毕业”二字。为何有此一说呢？刚进入哈佛的学生大都非常不理解这里的教授为什么要布置那么多的课外阅读。因为从来没有人能在在校期间看完所有的材料。后来，他们在学生服务中心找到了答案。在那里，陈放着许多关于哈佛的介绍资料，其中有一份标题是：教授布置了大量阅读，我根本无法完成，怎么办？答案是：阅读材料是教授们精心准备的，要尽量阅读，哪怕是在离开哈佛以后。这个问题的答案使他们明白了一个道理：在你离开哈佛以后，虽然形式上的学习生活终结了，但你一辈子都还是学生。不到生命和世界告别时，你真正的学习生活是不会结束的，也不应该结束。你还需要不断地去学习，让学习成为你一生都在做的事，而不管你的人是否还在学校。

虽然从开始上学到离开校园，你要经历十几年的学生生涯，但这毕竟只是人生的一部分，这段时间所学的知识还不足以应付你将来在工作和生活中遇到的各种问题。学校能给你的只是正确的学习方法和思考方式，而在生活和工作中所需要的大量其他知识都需要你通过自我教育来完成。

现在，有很多人都陷入了一个相同的误区，他们以为人一旦离开了学校就没有必要再学习了。其实，人的一生是一个学习的过程，即使没有意识到，你在生活、工作中也是一直在学习的，但这种被动的学习效果肯定不会明显。如果自己能具有不断的自我教育意识，能够以诚恳的态度去学习，你就能克服所有的危机，赢得你所希望的一切合理的东西。

曾经有一个故事是关于乌鸦的，虽然其真实性非常值得怀疑，但其中的启示值得我们深思。

据说，在一百多年前，一个虔诚的传教士带着几只乌鸦到了非洲的一个小国家。几年以后，传教士死了，乌鸦却一代一代繁衍着，并且越来越多。这些乌鸦浑身都是黑色的羽毛，终日嘎嘎地叫着，令人非常讨厌，于是，当地的人们就开始射杀它们，许多乌鸦被杀死了，照这样下去，乌鸦很快就会在这个国家绝迹。

剩下的乌鸦已经不多了，它们一看见人就逃跑，后来就干脆躲到树林里，但这也不能保证它们的安全。为了生存，它们把自己的羽毛染成了像树枝一样的灰色，并向当地的鸟儿学习鸣叫，渐渐地，叫出来的声音也没那么难听了，而是轻轻地，像是在乞求。

令人讨厌的颜色与声音都没有了，当地人就不再射杀乌鸦，它们在那里继续繁衍了下来。

面对永恒变化的自然界，动物遵循着“适者生存”的法则进化着、发展着。当危机来临时，乌鸦却能通过学习改变自己，从而幸存下来。人类也是如此，作为融入社会的一员，必须根据环境的变化来不断学习、不断改变自己，主动地去适应社会，否则成功将无从谈起。如果将人看作一棵树，学习就是树的根，也就是人的生命之根。我们评价一个人在本质上是否具有竞争力，不是看这个人在学校时的成绩好坏，也不是看他的学历有多高，而是要看这个人是否能够不断地学习，不断地提高。这就像我们观察一棵大树的生长情况一样，不能只看到大树郁郁葱葱、果实累累的美好外表，因为无论有多么美的外表，如果大树的根已经烂掉了，那么眼前的这些繁荣很快就会烟消云散。只停留在原来的水平不再前进，其危险的情况和大树烂掉根部是同样的情况。这种情况是大家所不愿意看到的，但是很遗憾，这样的事发生在了海曼身上。

海曼曾经是霍普金斯大学的学生，离开学校后，她成了一名医术高明的牙医，她每周只工作三天，而每年的收入是 10 万美元。她对自己的这份工作十分满意，认为就这样下去没什么不好的。但是，令人遗憾的是，在 40 岁的时候，她的手因患了关节炎而无法再做牙医的工作了，最后只能到一所中学教书，收入也由原来的每年 10 万美元减少到了 3 万美元。

可以看出，海曼的错误就在于认为自己目前的工作已经很不错了，没有必要再浪费时间去学习一些新的技能和谋生手段，更没有必要去尝试一些自己没有做过的事情。看看吧，这就是停止学习的后果。

其实，终生学习就是最好的成功捷径，如果仅仅满足于已经学到的知识，从而停止了学习，再优秀的人也无法取得真正的成功。不进则退，这是永恒的真理，因此，不再学习与提高的人最终只能被社会淘汰。

用最积极的态度去学习

俗话说："水满则溢。"以一种空杯归零的态度，你还能有什么学不到的呢？还有一句俗话说："三人行，必有我师。"如果你想学，在乞丐那里都有值得你学的东西；不想学的话，即使在哲人面前，你也会表现出不可一世的傲慢。因此，学习的过程应是一种永不满足的求学过程。

成功者和失败者在人生中最主要的差别就是：成功者始终都在用一种最积极的态度去学习，以乐观的态度去思考，用思考和学习所获得的知识经验去控制和支配自己的人生；而失败者则相反，他们并不把过去的失败作为一个学习的过程，而是消极地怨天尤人、不思进取。因此，不善于学习的人是难以成为成功者的。

有人总是说，不成功都是上天不给机会，没有遇到合适的时机。很多人在这些理由下就不再去学习，而是在得过且过、满足现状中草草地打发着时光。可是，我们必须认识到，你自己的人生道路怎样走，自己有着决定权，如何把握，那就看你在生活中的学习态度了。

学习——这个概念是广义的，并不是狭义地指在学校的课堂上学习，也不是专指办培训寻教员找模范的示范性的学习。那么，学习指的是什么呢？又需要什么条件才能达到学习的目的呢？首先，学习机会是广泛的，在你生活中的时时处处都有可学的东西。要从生活中学到东西，就要具备一种谦虚的学习态度。

一位禅师让徒弟装来一坛石子，徒弟去装了一坛石子回来，禅师问徒弟："装满了吗？"

徒弟说："装满了。"

禅师拿些细沙顺着石缝倒满后又问徒弟："这回满了吗？"

徒弟说："这回真满了。"

禅师又取些水倒进去很多，满了后问徒弟："现在满了吗？"

徒弟说："真的满了。"

禅师又将一些干土放进去，干土吸水后又放进好多，禅师又问："这次真的满了吗？"

徒弟不敢回答了。

禅师又说："我还可以倒些水进去，它可能在今天真的满了，可过几天你再来看它就会空下去很多，因此我告诉你，它永远都不会满的。"

这是根据一个禅悟的小故事改写而成的，其道理是做人永远不要有自满的态度，因为自满不可能使你学到知识，特别是在这个竞争异常激烈的时代里，如果我们不去学习就会胜任不了工作，甚至找不到工作。在知识日新月异的过程中，我们今天觉得很实用的学问，也许在明天一觉醒来时就可能被淘汰，任何自满情绪都会导致失败。只有戒除这个不良心态，营造一个永远渴求新知识的积极的学习心态，你才能适应社会、时代的需要。

在这个世界上，我们每个人都想成功，都想站在成功的巅峰上风光一下。但你别忘了，成功的路上一定少不了学习。正如一位成功人士所说："成功的路没有止境，但永远存在险境；没有满足，却永远存在不足；在成功路上立足的最基本的根本就是：学习、学习、再学习。"

在实践中和现实生活里都有学之不尽的东西，我们应从生活里汲取和参悟其精华来补充自己的不足。只要有了虚心的求知态度，我们就一定会学到东西；也只有不断地学习，我们才会进步；只有好学的人，他才能勇攀高峰，一直努力向前。

没有人不渴望成功，而渴望达到成功的更高层是每个人的夙愿，实现这一愿望的唯一途径就是要有知识。没有真才实学、没有知识的支撑，不管你今天拥有多优越的条件，或拥有多好的机遇，或许你已小有成就，但终将会被时代淘汰的。

奥里森·马登说过："人的一生都是受教育的时间，而我们置身其中的世界就是一所大学校。我们所遇到的人、接触到的事，所有的经验都是这所学校里最好的学习资料，只要我们开放自己的耳目，则在每一天、每一秒钟，随时都可以吸收很好的知识，然后在空闲的时间里，把吸收来的学识反复思考、反复咀嚼，就可以将那些零碎的知识整合成为更精湛、更有意义的学问。"

养成良好的阅读习惯

如果你想发展一种怡人的享受形式，培养一种新的兴趣爱好，获得一种你从未体验过的全新激情，那么就开始阅读好书和好杂志吧！ 而且要每日不误。 开始阅读时，量不要太大，因为这样会使你感到疲惫，每次读一点，但每天都要读一些，不管阅读量有多小。 如果能持之以恒，你很快就会获得一种阅读的兴趣——读书习惯。 渐渐地，这种习惯会带给你无穷的满足和纯真的快乐。

当你精神疲惫时，千万别去看那些只有全神贯注才能把握的书，因为这样做，你并不能获得书中知识。 读这类书，一定要做到精神饱满、全神贯注，这对防止走神是极为有效的。 现在，由于人们很容易就能获得大量阅读的材料，所以看书大都不那么专心了。

有目的地看书，看一本一本的好书，意识到自己的思想正在变得开阔，意识到自己正在摆脱无知、狭隘和一切蒙蔽心智、阻碍进步的东西，还有什么能带来比这更大的满足感呢？

卓有成效的阅读必定是全神贯注的阅读。一个人在看书时，应当全身心地投入到书的内容中去。

消极阅读在效果上要比随意阅读更有害。仅坐在健身房里并不能锻炼身体；同样，消极阅读也不能增长知识。当思想昏昏沉沉、精神东游西荡、散漫无际时，阅读只会虚耗精力、摧折意志，使大脑迟钝，无法把握书中精髓。

你从书中获得的东西未必是作者的思想，而可能是你自己领悟到的东西。如果不能控制自己的思想，如果读书的动力并不是来自对知识和更渊博文化的渴求，那么你将难以从书中获得最大的益处。但是，如果你那干渴的灵魂啜饮作者的思想就像焦土吸吮甘露那样，那么你的潜力和你身上潜伏的能量，就会像土壤里延迟发育的幼芽和种子一样，终会勃发出新生命来。

你应当像卡莱尔、林肯——像所有从阅读中获益的伟人那样读书——整个灵魂都浸润在所读的内容里，聚精会神，而对书外的一切都毫无知觉。

约翰·洛克曾经说过："阅读只是给我们提供一些知识素材，是思考把所读的内容变成我们自己的东西。"

要最大限度地从书中获益，我们还必须是一个思考者。仅仅熟悉一些事实并不等于获得了力量，只是用一无是处的知识来填充大脑无异于一个劲儿地把家具和摆设塞入我们的房子，直到我们自己没有立锥之地。

食物只有被充分消化吸收，变成血液、大脑和其他组织的一部分后才能化为体力和智力。同样，知识只有被大脑消化吸收，成为你自己思想的一部分后才能化为力量。

如果你希望获得知识的力量，除了看书要全神贯注外，还要形成这种习惯，即经常合上书，坐着想一想，或是站起来走走，想一想——一定要思考、要沉思、要默想，要在脑海中反复思量你读到的东西。

书籍中的知识只有被你的思想吸收，被纳入你的生命才能成为你的东西。只有当它成为你内在的一个部分时，它才是你的。

很多人认为只要持之以恒地读书，只要在任何闲暇时都一书在手，那么他们必然会变得富有教养、智慧通达。其实不然。与阅读相比，思考要重要得多，沉思默想读过的东西就如消化吸收我们所吃的食物。

有一些人只知道一个劲儿地给自己灌输知识，不停地阅读，但是他们从不思考。当获得几分钟的闲暇时，他们就会拿起一本书来读。也就是说，他们总是在吞食精神食粮，却从不消化吸收。

有一个年轻人几乎阅读成癖。他手头无时无刻不拿着一本书、一本杂志或是几张报纸。他总是在阅读，家里、车上、火车站里，他获得了大量知识。他对知识有着极度的热情，然而他的思想却被永无休止的填鸭式阅读给僵化了。

伊丽莎白·布朗宁说："书读得太多，如果与我们的思考不成比例，这就是错误的做法。我相信，如果我能少读一半的书，我会更聪明些，会有更出众的才能，会有更高的鉴赏力。"

向成功人士学习

英国科学巨匠牛顿研究物质的运动规律，发现了万有引力定律。当牛顿在谈到这一重大科学发现时给世人留下了一句名言：“如果说我比别人看得更远些，那是因为我站在了巨人的肩上。”牛顿的这句话并不只是谦虚，他发现这一定律不是从“零”开始的，也不是“苹果落地”瞬间的辉煌，而是在借鉴他人成果的基础上的伟大“超越”。比如，哥白尼的“日心说”、开普勒的“行星运动三大定律”、胡克的“太阳吸力”等，牛顿都在万有引力定律中继承了。

无独有偶，爱迪生发明电，是看到了法拉第的《电磁学理论》；而法拉第的电磁学理论则受益于美国化学家戴维的《电与磁》理论；瓦特发明蒸汽机，实际上并不仅仅是茶壶盖的功劳，而是两个关键性技术环节的作用，而这两个关键性技术数据正是从学习别人的成果中得来的。

纵观人类的整个文明历史进程，任何一种知识都是在不断批判吸收的基础上增值的，任何一门科学都是人类长时间共同积累起来的智慧结晶。知识、科学发现如此，为人、处世、做事也莫不如此，聪明的人总是善于借鉴他人的成功经验，拿来为我所用。

可见，一个人要取得成功，借鉴成功人士的经验是很重要的。这就需要养成与成功者为伍、借鉴成功人士经验的习惯，唯有如此，才能站得更高、看得更远，才有可能取得更大的成功。

有一个贫困的犹太人，见一个富人生活得很舒适、很惬意。他在心里想："嗯，走着瞧，总有一天我会比你更富有，会比你过得更好。"

于是，他找到富人对他说："我愿意在您家里为您工作五年，我不要一分钱，只给我吃、让我住就行了。"

富人觉得这真是少有的好事，便立即答应了这个穷人的请求。五年过后，穷人离开了这个富人的家，不知去向。

10 年过去了，那个昔日的穷人已经变得非常富有。而以前的那个富人就显得寒酸了。于是，富人向昔日的穷人提出请求，愿意出 10 万元买他变得富有的经验。

那个昔日的穷人听了后哈哈大笑："我正是从你那儿学来的致富经验，才赚了大量的钱，现在你怎么又要用金钱来买我的经验呢?"

根据犹太人的经验，智慧来自学习、观察和思考。要想成为富人的第一途径就是向富人学习。故事中的穷犹太人就是通过给富人家当奴仆，近距离接触富人，学习他的致富经验和智慧，才使自己也具备了成功的智慧。

调查发现，很多大企业原本只是业绩一般的小型企业，而企业家本身也并不成功，但当他们有机会拜访或参观过一些知名大企业后，受到了激励、学到了经验，从此便获得了腾飞的动力。

成功人士的经验是一笔宝贵的财富，只有拿来为己所用，并实现超越，才能飞得更高。

每个人的能力都是有限的。年轻人精力旺盛，认为没有做不完的事。其实，精力再充沛，个人的能力还是有限。超过这个限度，就是人所不能及的，也就是你的短处了。所以，要向别人学习，汲取别人的长处来弥补自己的不足。同时，也因为自己的能力倾向与其他人不同，所以每个人有自己的长处，同时也有不足之处。在这种情况下，用他人之长来弥补自己的不足就成了完善自身的有效方法。

刚出校门的年轻人，往往容易犯自我陶醉的毛病，自认为学历高、知识广就自命清高，在工作中不懂得向资深人士学习工作经验，结果吃了不少苦头，浪费了不少时间。

学历不等于能力，有了很高的学历不一定就高人一等，因此也就没有必要向别人炫耀什么。如果只因为自己的学历比别人高，认为自己高高在上，没有不足之处，这样的人就危险了。

任何人都不是完美的，在竞争激烈的现代社会，如果还摆高学历的架子，那就等于是向失败敞开怀抱。

大量成功的范例证明：只有养成向他人学习、取长补短的好习惯，才能充分发挥自身优势，并利用他人的优势来弥补自己的不足，才能在今天的社会中取得更大的成就。

PART 02

多听多想，汲取别人的智慧

倾听智者的忠告

生活中，我们要听取智者的忠告，不要对别人的忠告不理不睬，一意孤行。须知别人的忠告是对你行为的最好指导，虽然有时别人的忠告并不一定正确，但是你也要虚心接受，通过自己的分析判断，做出正确的选择。一个人不可能脱离社会独自存在，而要与人交往，与人接触，听取别人的忠告，听取别人的意见，这是最基本的处世准则。

一对新婚夫妇生活贫困，丈夫为了让妻子过上体面日子，去了很远的地方打工，妻子答应在家忠贞地等他回来。

年轻人在老板那儿工作20年后，临行时老板未给他发工钱，而是给了他三条忠告和三块面包。忠告是：第一，永远不要走捷径，便捷而陌生的道路可能要了你的命；第二，永远不要对可能是坏事的事情好奇，否则也可能要了你的命；第三，永远不要在仇恨和痛苦的时候做决定，否则你以后一定会后悔。老板给了他三个面包，两个让他路上吃，另一个等他回家后和妻子一起吃。

在远离自己深爱的妻子和家乡20年之后，男人踏上了回家的路。一天后，他遇到了一个人，那人说："你要走20多天的路，这条路太远了，我知道一条捷径，几天就能到。"他高兴极了，正准备走捷径的时候，想起了老板的第一条忠告，于是他回到了原来的路上。后来，他得知那人让他走的所谓捷径完全是一个圈套。

几天之后，他走累了，发现路边有家旅馆，他打算住一夜，付过房钱之后，他躺下睡了。睡梦中，他被一声惨叫惊醒。他跳了起来，走到门口，想看看发生了什么事，刚刚打开门，他想起了第二条忠告，于是回到床上继续睡觉。第二天，店主对他说："您是第一个活着从这里出去的客人。我的独子有疯病，他昨晚大叫着引客人出来，然后将他们杀死埋了。"

男人接着赶路，终于在一天的黄昏时分，他远远望见了自己的小屋，还依稀可见妻子的身影。虽然天色昏暗，但他仍然看清了妻子不是一个人，还有一个男子伏在她的膝头，她抚摸着他的头发。看到这一幕，他真想跑过去杀了他们，这时他想起了第三条忠告，于是停了下来，想了想，决定在原地露宿一晚，第二天再做决定。天亮后，已恢复冷静的他对自己说："我不能杀死我的妻子，我要回到老板那里，求他收留我，在这之前，我想告诉我的妻子我始终忠于她。"

他走到家门口敲了敲门，妻子打开门，认出了他，扑到他怀里，紧紧地抱住了他。妻子眼含热泪，并让儿子见过父亲。原来，年轻人走的时候妻子刚刚怀孕，现在儿子已经20岁了。

丈夫走进家门，拥抱了自己的儿子。在妻子忙着做晚饭的时候，他给儿子讲述了自己的经历。接着，一家人坐下来一起吃面包，他把老板送的面包掰开，发现里面有一笔钱——那是他20年辛苦劳动赚来的工钱。这位老板的忠告太睿智了。

主动倾听，成功没有意外

成功从来就没有意外。一个人如果没有足够的付出，那么他得到的成就不会太大。只有播种，才能收获，道理十分浅显。无论是在生活中还是在工作中，主动倾听的人，就是真诚播种的人，能够得到意外的收获也不足为奇。人类的社会性很强，作为社会的一分子，什么都不管不顾是不可能的。而且身处在这个经济社会，像陶渊明那样“采菊东篱下，悠然见南山”的田园生活，也是不现实的。我们需要很多有效的信息，我们更需要前瞻性的信息。前瞻性的信息从哪里来呢？这就要求我们学会与人沟通，学会主动倾听，用心去倾听，用自己敏锐的眼光准确获取我们需要的信息。

项羽失败的教训值得我们吸取。自视甚高的项羽有范增这样的人才而不能听其言，结果被善于用人的刘邦夺走了大好河山，自己落了个“无颜见江东父老”的悲剧下场。

唐太宗是中国历史上伟大的封建统治者之一。在他的治理下出现了“贞观之治”的繁华盛世局面。当然，唐太宗的个人才能和品德是很了不起的，他是封建专制制度下比较民主的一代君王，他很耐心地倾听大臣的意见和建议。据史料记载，有一次，他正在玩一只鸟，恰好被大臣魏徵撞见了，他连忙把鸟揣到怀里。魏徵装着没有看见，和太宗聊起天来，聊了半天才走。鸟被闷死了，太宗虽然很生气，还是宽容了魏徵。唐太宗用人唯才、唯贤，认真倾听大臣们的谏言，终于开创了中国历史上著名的盛世局面，可以称得上是“一代明君”。

现在的社会，我们是否还需要像唐太宗那样重视倾听呢？答案是肯定的。倾听是一种美德，一定要继承下去。我们做事情千万不要草率行事，以免害人害己。无论做什么事都要三思而后行，凡事要多听听别人不同的意见，力求得到最好的结果。特别是现在的企业家，作为管理者，更需要主动倾听，有这样的魄力和耐心，做大做强自己的事业则指日可待。

《北京商人》中的主人公呼延靖在商场上拼搏过程中的那些为人处世的行为，可圈可点。他的眼光、他的魄力、他对下属的态度、他对事业的执着，让我们对中国商业的未来充满了热切的希望。他认真考察市场情况的同时耐心倾听方方面面的意见，仔细分析研究，得出正确的结论，为我所用。他与下属的关系打磨得非常和谐。他在做决策时，总会主动征求下属的意见，下属也很乐意为他出谋划策，为他效力。他表现了对下属的尊重，因此下属对他很忠诚，愿意为他所用，为公司的利益尽心尽力。这样上下团结一心、精诚协作，公司得到迅速发展。倾听是一个成功的商人与下属沟通的必要条件。管理者放低姿态主动倾听，他的员工才可能说出自己真实的想法；管理者主动倾听，鼓励员工多交流，员工也会主动倾听管理者的要求。有了良好的沟通平台和团结一致的合作氛围，公司的发展肯定能够迈上一个新台阶。

一个不愿意倾听的人，要么性格孤僻，要么独断专行。这样的性格，在与人沟通方面当然会出现问题；一个不愿意倾听的人，他的人际关系会受到很大制约，而我们自己的力量又很有限，在这种情况下，想要获得成功无疑是非常困难的；一个愿意倾听并且主动倾听的人，他在任何情况下都能够游刃有余，并且有所作为。倾听是沟通的基础，主动倾听，掌握沟通的主动权，为我们的成功迈出了坚实的一步。

对于一个高效的沟通者来说，合理规划是工作的重中之重。举例来说，来自企业内部的出乎意料且不受欢迎的消极信息防不胜防，令沟通部门的主管疲于招架。对他们来说，应对风云多变的外部环境已经相当困难，这些企业内部意外信息的“友军误伤”无疑是雪上加霜。许多企业已经认识到保持信息一致的重要性，以确保各种信息相互支持而不是相互抵触。只有这样才能保证所有人员都能对企业形成一致的认识。在结构复杂的企业中，要保证信息的连贯性与协调性，就必须进行周密的沟通规划，进行沟通工作的人必须紧密协作。

实际上，只要程序简便易行，员工是乐于让企业了解他们的情况的。对一些企业来说，可以开发一种在线规划的工具，使管理者了解沟通计划的相关组成部分，并借助该工具创造出符合企业沟通标准与程序的高质量的沟通渠道。

成功的管理需要进行很多沟通工作。有力的一对一或团体沟通技巧可以确保沟通顺畅，为合作的成功开展营造必要的互信基础。为了确保合作朝正确的方向发展，一位强有力的领导者是沟通工作的关键，然而领导者领导的是合作过程，而不是讨论过程，所以，一定要紧抓问题的核心。

在提高自身技巧的过程中，更具挑战的是如何把自己的注意力转移到对目标和结果的关注上，而不是所用的方法上。从别人的话中了解其想法和感受，这是比较困难的，更难的是抛开自己不合客观情况的期望，让最好的解决方案从对话中产生。

成功的合作依赖于合作各方进行对话的能力，以及寻求互惠解决方案的能力，积极倾听可以让对话的节奏舒缓下来，这样的对话为思想火花的迸发营造了空间。

在倾听过程中要注意以下几点：

(1)要住口，不要声张。对于不利于团结的事情、人与人之间恩怨是非的传闻，以及道听途说的谣言等，不要听什么传什么，自己听过后要咽到肚子里，要禁止再从你的口里传给另外一个人，做到心里能装住事，守口如瓶。

(2)不要心如浮萍，听什么信什么。倾听为我们的判断开辟了一条新的途径，但倾听不能代替自我的分析和判断。我们不仅要学会“听”，还要有足够的能力“择”。因倾听别人的意见而丧失自己的主见，是极不可取的。

(3)沟通无时不在，无处不在，沟通效果好能事半功倍，沟通不好可能就会出现问题。 倾听是沟通交流中的智慧，所以，我们必须学会静下心来倾听，不能心浮气躁，耳目闭塞，固执己见。

倾听是对别人的尊重，而对别人的尊重是增进交流的基础。 成功人士都是主动倾听的奉行者，他们的经历告诉我们倾听在人际交往中的重要作用，即倾听是使沟通融洽的必要条件。 善于主动倾听的人，无疑为成功增添了筹码。

在聆听中认识自我

要认识自我离不开专心的聆听。这里所说的聆听并不单单是用耳朵搜集来自其他人的信息，我们还可以通过写日记聆听来自内心的信息，这种认识自我的方式是主动的、自发的，是一种来自心灵深处的需要。

我们还必须勇敢地面对他人，培养聆听别人讲话的耐心。要学会倾听别人的谈话，而不仅是只关注自己的谈话，对我们来说是一件不可忽视的事情。

我们必须为自己而使用耳朵，去聆听我们的心跳，聆听在我们心中送走快乐和忧愁的钟表；聆听可作为我们朋友的自我心像。聆听自己的感觉可以随时让你知道你是否走错了方向，是否走向不快乐或者某种冲突，你内心的感觉就像是晴雨表，可以让你知道内心的情绪如何。

许多人会有这样的感受，“有时在内省、倾听自我的时候，总是没有任何动静，我真的不知道自己的感觉。”有人会说：“那么混乱，我说不清楚，该怎么办？”怎么办？首先别担心，因为没有人确实知道每一件事。情绪的一个重要特征是流动与易变，再说，许多情绪混杂在一起，确实难以分辨。爱与喜欢有什么区别呢？为什么有时对某个人爱恨交织呢？为什么伤感之后心里总是空荡荡，提不起精神做任何事情呢？而这些问题的解决办法都包括高度的情绪智慧。

要想明察内心的信息，写日记是个不错的选择，一日至少写一篇，坚持一个星期，在日记中记下什么事令你觉得快乐、兴奋，什么事令你生气、伤心、孤独，对自己的感觉做个简短的描述，并把别人眼中的你做个简短描述，考虑一下是否描述有不妥之处，然后进行修改。

每天对着镜子问自己："今天做了什么事令我自己满意，为什么会满意，什么事令我愤怒。"同时观察镜中的"我"的表情。

从日常的情绪体验来看，人时而会忧虑甚至是忧伤，时而会不安甚至是惊慌，时而会狼狈甚至是害怕，时而会焦虑甚至是惊骇，而这些情绪都是恐惧——一种对意识到的危险的警觉，无论这种危险是确定的、直接的、清楚的或是模糊的、间接的、没有特定起源的、轻微的或是重大的。

人人都有烦乱、疲惫、无聊、抑郁、嫉妒的感觉，而这些都会使我们感到精力消耗或缺少力气。认清这些外部情绪所传达的真正的意义与讯息，更深一步地分析产生的原因，正是自我聆听取得的成就。

通过自我聆听，你就会对自我以及自我经历的一些事情做一个客观或者更有力的评价。

心理暗示可作为聆听内心感受的一个很好的办法。心理暗示就是一个人用语言或其他方式对自己的知觉、思维、想象、情感、意志等方面的心理状态产生某种刺激的过程。它是人的心理活动中的意识思想的发生部分与潜意识的行动部分之间的沟通媒介。 它是一种启示、提醒和指令，它会通知你注意什么、追求什么、致力于什么和怎样行动，因而它能影响和支配你的行为，这是每个人都拥有的一个看不见的法宝。

集思广益，听取他人建议

作为团队中的一员，你是不是很少向上司或同事请教工作上的事情？ 对于自己工作上的不足也很少听取周围人的意见和建议，依旧我行我素？ 如果你的回答是肯定的话，那么从现在起，就应该行动起来，努力改变自己，学会集思广益，积极听取他人的建议。

一个善于倾听别人意见的人，自然能够从别人的眼光、见识、经历、智慧、创意中汲收和学习到更多有意义、有价值的想法，不断提升自己的工作能力和职业素养，从而为自己开辟出一段崭新的职业生涯，让你的行动变得有成就感。

19 世纪 50 年代，美国旧金山掀起了一股淘金热。一位名叫李维·施特劳斯的年轻人放弃了自己稳定的文职工作，随着两个哥哥也去了旧金山，但是他们错过了淘金的好时期，只好在当地开了一家杂货店。

一天，一位淘金工人来店里买东西，对李维说：“伙计，你的帆布包不错，我很喜欢，不过我倒有个主意，你何不用这帆布做成裤子，现在矿工们穿的工装裤都是棉布做的，还没穿几天就磨破了。若是改用帆布，想必一定结实耐用。”

说者无意，听者有心。李维听后，整整一宿都想着这件事，很快他就采用了这位淘金工人的建议，取出一块帆布拿到裁缝店做出了第一条工装短裤。果真不出所料，这种工装裤受到了许多矿工的欢迎。

没过多久，一位远方朋友来看望李维。当他看到工装裤的生意做得如此风风火火，就建议他：“兄弟，我来这几天，看到你这工装裤的生意的确不错，我建议你应该多投入一些资金，做一些广告宣传，另外，再聘请一些有丰富经验的裁缝，把现在的裤子重新设计一下，全面推向市场。”

听了朋友的一番见解，李维连连称好。于是，他请裁缝把这种工装裤的设计又做了改良，还亲自让大家根据市场情况来讨论这种可行性。没想到，一推向市场就受到很多年轻人的青睐。后来，李维又引进了大量先进的技术设备，进行大批量生产，并广泛利用各种媒体对他的工装裤进行宣传，还大谈“工装裤文化”，后来人们把这种流行的工装裤称为“牛仔裤”。

随着铺天盖地的宣传，牛仔裤越来越深入人心，牛仔裤的市场越来越广阔，而且“西部牛仔”也渐渐成了美国青年崇拜和模仿的对象。现在，李维的公司已成为世界驰名跨国公司之一，他的事业也传到了第四代子孙手里。

李维之所以能取得成功就在于他善于倾听别人对自己工作的建议，深知集合众人智慧的重要性，而且能够很快地付诸行动，不仅为自己开辟了一条致富的途径，财源滚滚而来，也使牛仔裤蔓延至世界，成为世界流行服装。

但是，职场中有一些人，对周围人的意见往往不会照单全收，其实，不管你是靠资历可以一言九鼎的老人，还是凭能力可以趾高气扬的新人，在工作中，都要集思广益，善于从别人的建议中汲取智慧，这样才能帮助自己取得工作上的进步。

张工被公司派去日本开发市场。接到任务后，他很快就拟了一份市场开发方案。会议讨论时，张工三言两语地把自己的方案讲解了一遍，就算通过了。对于下属提出的疑问和合理建议，他却表情傲慢地说："这么多年了都是我负责开发各地市场，难道不知道怎么做？我的方案是正确的，不用再讨论了。"可结果呢？当地的市场份额没有丝毫提升，公司为此反倒付出了巨大的财力、物力、人力代价。最后，公司领导商议对张工进行降职处分，并安排小段顶替他的职务。

小段深知"众人拾柴火焰高"的道理，一上任便安排业务员对当地市场进行了一次全面深入的调查，然后集合所有负责这片市场的同事进行了一次讨论。在这次会议上，他先是清晰细致地讲解了自己设想的几个市场开发方案，又让大家根据考察情况来讨论其可行性。由于之前很多同事都参与了这项工作，所以在讨论的过程中，大家发言踊跃，热情也非常高涨。小段集合众人智慧，从中筛选了一些非常好的建议并一一记录下来。会后，他对自己的方案做了进一步的完善，最终拟出一个稳妥可行的方案。很快，公司就打开了日本市场。

上面两个人物截然相反的命运再次验证了一个道理：人人都有自己思维的局限性，而一个善于听取别人意见的人，可以通过弥补个人能力的缺失取得事半功倍的效果。而对别人意见不抱真诚态度的人，最终会因为听不到最有价值的声音而失败。

需要提醒的是，听了别人的意见后，你自己还要有一个明确的态度，明确表达自己对有关意见的反应和意向，以免对方误解你是内心抗拒或听不明白而产生不必要的误会。

另外，我们也不提倡遇事就去问别人，因为这样只会让人觉得你是一个缺乏主见的人，不仅有碍个人能力的发展，也很难获得老板的赏识。所以说，听取别人意见的同时，也需要有自己的主见。脚下的路，还得你自己去走。这就好比司机驾驶汽车，尽管之前教练早已嘱咐过多次，但是独自面对复杂路况时，是制动？还是转向？这得靠自己的手而不是教练的手。而且面对众说不一的意见，你也要学会审时度势，拿出自己的意见，这才是职场员工应有的态度。

PART 03

开拓思路，有思路才有出路

站得高才能看得远

目标越高远，风险越严重，你的荣耀也将越显得伟大。

如果你确定了自己的目标，确定了自己的生活方式，或者，你渴望也能够拥有某些感受，这时候，你应该动用你的思想，为自己找到一条往前的路。你的想象力，你的创造力，还有你的梦想，都应该释放出来。你需要用自己的理智去判断自己真正需要什么，同时去体验自己真正希望拥有的体验。不要让习惯、担心或者先前的信念束缚自己的想象力，在你为自己的未来勾画出一幅蓝图的同时，你就已经在走向它了。

借助这样的想象，我们的思想慢慢转化成了行动，最终可以实现自己的愿望。所以，不要轻视，更不要害怕想象，要大胆运用自己的想象力、创造力，为自己勾勒未来无限的可能性。让你的思想打破禁锢，为自己描绘你希望达到的终极图景吧，然后，就把你从前的那些想法抛到一边，不要再让它们成为你前进路上的绊脚石。

在实现目标的时候，思想也是最有力、最可以借助的武器。第一步必须是先把我们全部的思想、全部的能量都集中到目标上，这样才会有第二步——达到目标。无论你追求什么，仅仅说“我希望”“我愿意”，是远远不够的，你要自己立下决心，破釜沉舟，这样才可能成功。

决定我们成功与否的，不是外部环境条件，而是我们内心的想法。所以，在你动手之前，先要在内心让自己相信自己会成功，让自己相信自己最终会实现自己的愿望，会坚持不懈、持之以恒地向自己的目标迈进。

我们的生活会是什么样子，很大程度上取决于我们用怎样的眼光看待它。如果你觉得自己已经不堪重负，各种压力已经要把你压垮，经济上也没有改善的希望，那么，未来你的生活状态很可能就是这样。这时候，你应该换一种眼光，你应该想象自己的另一种生活状态，热情饱满，精神振作，浑身有使不完的力量。比如，如果你希望有一座豪宅，希望事业一帆风顺，或者希望与周围的人相处融洽，你可以先尝试想象自己已经拥有了这一切。无论自己希望得到什么，都可以在脑海里先勾勒出一幅你已经实现自己目标的场景。要这么做，你需要打破旧的思维模式，先在自己的思想里去寻找、去融入自己所希望的生活。

人们一旦意识到自己拥有那么强大的思想力量，他将无比自信，并丝毫不害怕让自己去追求一个更高的目标，因为他已经意识到从他最初产生这个想法开始，他就必定可以实现它。

点子出奇，眼光开阔

商场如战场，情势千变万化，稍不留神就会被商海所吞没，这就需要我们不能只按常规出牌，更多的时候，需要我们出奇制胜。

在商界，善出奇者，在于他能为众人之所不能，别人没能做到的他能做到，这就是“绝招”。“绝招”是在市场竞争中制胜的法宝，就好像战场上的新式武器，谁有绝招谁就有生存发展的自由。

这方面成功的例子比比皆是，举不胜举。

1. 收藏自行车

1999 年 8 月，北京华奥商厦为有“车王”之称的王明玺举办他收藏的自行车展，这场特殊展览吸引了来来往往的顾客。展览会上展示了王明玺的全部收藏品——108 辆自行车，这些自行车，集中了 20 世纪 20 年代初至

70年代末世界主要自行车生产国的代表品牌，据专家估算，其总价值已超过100万元。

王明玺自小就痴迷自行车。1953年，他来到北京。首都大街上的一辆辆自行车吸引着他，他省吃俭用，终于在1954年积累了480元买回了第一辆属于自己的自行车——英国造的世界名车“凤头”。对于这件宝贝，他爱不释手，没事就擦拭它，45年后的今天，这辆“凤头”仍然锃亮如新。20世纪80年代是王明玺收藏的高峰期。不抽烟不喝酒的他，手中多余的钱所做的唯一一件事就是购买自行车。他对收藏自行车有三个标准：一是技术先进，二是特殊，三是新。

在他的藏品中，“白金人”“全标车”、日本邮政车等都是自行车中的珍品。

“白金人”是1920年英国制造的，据说当年只进口了不到10辆，至今仅存他这一辆。前些年英国方面闻讯曾试图用小轿车交换此车。

“全标车”是王明玺在20世纪80年代用一辆价值1850元的英国“凤头”车从倒车人手中换来的，为日本20世纪30年代生产的26“宫田”男车，因全车各个部位均带有商标而被称为“全标车”。这辆车虽然出厂已60多年了，但仍有八成半新，而且这辆车为绝版之物，具有很高的收藏价值，即使在日本也找不出这样一辆车。

“11合1”是王明玺赞不绝口的日本红色邮政车：“嘿，那车可真绝了，载的东西越多，骑起来越轻巧，像风一样快！”他是在天津发现这种邮政车的，当时共有11

辆，车虽是20世纪60年代生产的，结构工艺却和20世纪30年代生产的老车一样。他看中了其中一辆带有不锈钢圈的，但车商不肯单卖，他只好把11辆车全部买下来，又发挥他机械制造的专长，将11辆车的优质零件安在了一辆车上，成了“11合1”的邮政车。

王明玺所收藏的每一辆自行车都有一个动人的故事，而能在近50年的生涯中，孜孜不倦地追寻，正是他投资理念的实践。从王明玺收藏自行车所获得的成功，我们可以看出，任何人只要他喜爱某一种事物，并锲而不舍地追求，一定会居奇为宝的。实际上我们每个家庭都有各自独特的物品，只要去用心挖掘，去投入，终会有所收获的。

2. 出人意料的广告创造出奇特的效果

几十年前，上海梁新记牙刷店采用夸张手法，刊出广告招徕顾客，画了一个人正用九牛二虎之力，拿着钳子拼命拔牙刷上的毛，旁边画龙点睛地写着“一毛不拔”四个大字。这个别具一格、诙谐有趣的广告，使“梁新记牙刷一毛不拔”的美名不胫而走。

3. 出奇的服务质量赢得奇好的声誉

天津亨得利钟表商店为什么能“串通四海、天下得利”呢？因为亨得利的钟表有一绝：特别准。该店每进一批货，都逐个做质量鉴定，由技术最好的师傅把关，走时不准的钟表一律转卖出去，绝不在本店露面。顾客一跨进亨得利钟表店，无不为琳琅满目的钟表所吸引，定睛一看，更加令人咋舌，不论墙上挂的、玻璃柜里放的，每一只钟表的指针都在相同的位置，分秒不差。准，这本身就是十分诱人的活广告，这是亨得利钟表店的同行们都希望做到而又未能做到的“绝招”。

4. 出奇的推销术获得了出奇的经济效益

可口可乐是美国可口可乐公司生产的闻名世界的清凉饮料，生产、销售至今已有百年历史，行销世界130多个国家和地区。

1986年4月，可口可乐公司却突然宣布要改变沿用了99年之久的老配方，而代之以刚刚研制成功的新配方，并声称，要以新配方再创可口可乐在世界饮料行业中的新纪录。

这一消息一发布，立刻成为轰动美国的一条大新闻。

为了使新配方能被人们所接受，可口可乐公司开动所有的宣传机器广为宣传，大肆鼓吹新配方是公司为迎接百年大庆，历时3年，耗资500万美元，进行了20余万人次的口味调查和饮用试验以后，献给新老顾客的礼物，是经过专家鉴定后投产的新产品。

自从改变配方的决定宣布以后，短时间内在客户中引起了轩然大波，抵制新配方的舆论形成了一股强大的声势。公司每天收到无数封抗议信件和多达1500次以上的抗议电话。甚至，有人组织了一个“全国性老可口可乐饮户协会”，并于当年6月间在联合广场上举行了一次抗议新可乐的示威。一些经销可口可乐的商店也因销量降低而拒绝经销新可乐。

与此同时，美国各地都掀起了抢购老配方可乐的热潮，形成新可乐无人问津、老可乐万人争购的奇特场面。

这一情景使可口可乐公司的竞争对手——百事可乐公司的老板罗杰·恩列科乐不可支，以为可口可乐公司的这一做法是美国最大的一次商业失败。百事可乐与可口可乐在美国的竞争长达87年之久，而从未占过上风。现在，可口可乐新配方一变，不到87天就不战自败。百事可乐公司从而乘机大做广告，号召客户转向购买百事可乐的老品牌饮料。

然而，可口可乐公司对其“战略性的失败”并不在意，为了应付客户的抗议电话，公司事先准备好录音磁带。抗议的电话一经拨通，磁带便传出不紧不慢的回答：“现在，本公司的电话正占线，请待会儿再来电话。”接着便是一段优雅的音乐。可口可乐公司这种把消费者的抗议拒之于耳机之外的做法大大地激怒了人们，南卡罗来纳州竟有人愤然上诉法院，认为可口可乐与网球、热狗一起已成为美国人民文化生活方式的一种象征，任何个人和公司都无权对此做出改变，因而要求对改变可口可乐配方的做法做出制裁。

眼看改变可口可乐配方已吸引了成千上万个客户的关注焦点，可口可乐公司董事长乔治认为时机已到，这才于1986年7月10日悠然宣布，为了尊重老顾客的意见，同时考虑消费者的新需要，公司决定恢复老配方可乐生产，并改名为“古典可口可乐”，但新配方可乐也同时继续生产。

消息传出，美国各地的可乐爱好者为之雀跃，纷纷狂饮老牌可乐，同时也竞相购买新配方可乐。一时间，新老可乐的销售量比往年同期上升8%，可口可乐公司的股票每股猛涨了2.57美元，而百事可乐公司的股票却下跌了0.75美元。

从长远出发，从大处着眼

“自古不谋万世者，不足谋一时；不谋全局者，不足谋一域。”我们在进行人生规划时，不仅要着眼于现在，更要着眼于未来；不仅要考虑眼前的利害得失，更要从长远出发，从大处着眼，从而制订出自己的人生发展规划。

只要我们以长远的眼光规划未来，并锲而不舍地坚持下去，成功一定会到来。

社会的竞争是人才的竞争，企业的竞争也是人才的竞争，人与人之间的竞争更是能力、技术的竞争。如何不断提升自己是每一个有远见的人最关注的事情。特别是一些年轻人，正处在成长的过程中，对于自己的发展更要目光深邃，有一个长远的规划。

心急吃不了热豆腐，如果对自己的追求急于求成，只顾眼前利益，其结果就是捡了芝麻，丢了西瓜。特别是在对人生进行决断的时候，更应理智考虑，不应急于求成。历史上就有很多有远见卓识的人，他们用自己长远的眼光，赢得了一次次的成功。

1352 年，明太祖朱元璋参加起义军，前后仅花 4 年的时间他就率军攻克了集庆（今南京），使起义队伍发展到五六十万人，并建立了以应天府（朱元璋占领集庆后，改名为应天府）为中心的根据地，成为雄霸一方的军阀割据集团。

然而，朱元璋并没有被大好形势冲昏头脑。他开始遍访天下有识之士来帮助自己制定今后的战略发展方针。经人推荐得知，朱升很有才华，其隐居在石门山中，位高权重的朱元璋便屈尊亲自前往石门山拜访他，向他请教夺取天下的良策。

朱元璋礼贤下士的诚意打动了朱升，朱升献上了“高筑墙，广积粮，缓称王”的三步争夺天下的开国谋略。他建议朱元璋继续巩固根据地，注重发展粮食生产，不要急于称王称帝，而应该韬光养晦以求缩小目标，待到时机成熟时再图大举，自然水到渠成，信手拈来。朱元璋非常赞赏和认同，便把它作为一个长期的战略方针来实施。

在政治上，为了避免树大招风，朱元璋决定暂不称王，对北方的小明王保持君臣关系，仍使用宋政权的龙凤年号，战旗不易帜，甚至连战斗口号也未改变——“山河奄有中华地，日月重开大宋天”，这与小明王的“直抵幽燕之地，重开大宋之义”的政治立场是一致的。

在军事上，朱元璋抓紧军队的正规化建设，经常命令部将带领士兵勤加操练，提高作战本领，做到呼之即来，来之能战，战之能胜。

在经济上，他非常注重农业生产，设置营田司，任命康茂才为营田使，负责兴修水利；派遣儒生，到各地劝课农桑；命令军队在江阴、龙江等地屯田垦荒，边打仗边生产；推行民兵制度，组织农村壮丁，一面习武，一面耕种，兵农兼资，寓兵于民。

朱元璋还非常注重军民关系，强调要“惠爱加于民，法度行于军”，要求全体将士严守纪律，爱护百姓，如有违犯者严惩不贷。亲征婺州时，他告令全军：“不准乱杀无辜，不准掳掠妇女，不准抢夺民财，违令者斩!”随同出征的士兵一旦有抢劫民财者，当即被斩首示众，毫不姑息迁就。

此外，朱元璋还注意广揽人才。攻下浙东后，他将刘基、叶琛、宋濂、章溢四大名士搜罗至帐下，并特地修建了“礼士馆”，请他们在里面居住，做自己的顾问。有了这些才华横溢的谋士的辅佐，朱元璋更是如虎添翼。在实施了“高筑墙，广积粮，缓称王”的战略方针后，朱元璋的实力得到了极大提升，兵强马壮，民富粮足，深得人心。其在张士诚、陈友谅等人先后称王称帝时也不为所动，终于在1638年9月，攻下元朝京城大都，建立明朝，史称明太祖。

善弈者谋势，不善弈者谋子。谋势就是谋大局，就是不计较一城一池的得失，以宽广的眼界统观全局，以高屋建瓴的眼光权衡利弊，把握当下，透视未来，从而赢得最终的胜利。

《孙子兵法·计篇》曰："夫未战而庙算胜者，得算多也；未战而庙算不胜者，得算少也。多算胜，少算不胜。"古人作战时，君王总要携文武大臣赴庙堂，一方面进行祈祷，愿祖宗保佑作战胜利；另一方面进行筹算，用"道、天、地、将、法"度量战争的得胜条件，并以此制订作战方案。

在现代这个竞争十分激烈的社会里，人们之间的竞争就如同军事争夺，战略决断问题仍是竞争能否取胜的关键所在。因此，运筹帷幄，找准竞争中的难点也就成了决定我们经营人生的一个关键性因素。

对于我们来说，先谋而后动，是一个基本策略。这就要求我们不要被一时的小利所迷惑，不要急于求成去做某一件事，而应从长远利益出发，不囿于眼前的事情，放眼展望未来。

要着眼长远，还要懂得放弃。一个青年向一个富翁请教成功之道，富翁却拿出了三块大小不等的西瓜放在青年面前："如果每块西瓜代表一定程度的利益，你选择哪块？""当然是最大的那块！"青年毫不犹豫地回答。

富翁一笑："那好，请吧！"富翁把最大的那块西瓜递给青年，自己却吃起了最小的那块。很快富翁就吃完了，随后拿起了桌上的最后一块西瓜得意地在青年面前晃了晃，大口吃起来。青年马上就明白了富翁的意思：富翁吃的瓜虽无青年人吃的瓜大，却比青年吃得多。如果每块瓜代表一定程度的利益，那么富翁占的利益自然比青年多。

吃完西瓜，富翁对青年说："要想成功，就要学会放弃，只有放弃眼前利益，才能获得长远的大利，这就是我的成功之道。”

成功之道如此，做人又何尝不是如此。乾隆皇帝下江南时，在镇江的金山寺，面对来来往往的船只，问身边的僧人说：“这江面上一天有多少船只通过呀？”那个高僧就告诉他说：“只有两只，一只为名，一只为利。”芸芸众生，一生都要面对“名”和“利”这两条船。凡人之所以不能获得大利，就是因为凡人只看重眼前的利益，被眼前的利益所束缚，迷惑了双眼，消磨了斗志，沉溺在既得利益的温柔乡里，不思进取，丧失了做人的锐气与闯劲，只在一个层次上徘徊，没有创新，不敢突破。

美国迪斯尼乐园的创始人沃尔特·迪斯尼说：做人如果不继续成长，就会走向死亡。人只有在不断地进取中才会保持思维敏捷，行动矫健，思想开明，智慧不老，心灵不僵。人生如逆水行舟，不进则退。这是铁的规律，任何人都不能幸免。我们又岂敢懈怠生活。

世间的任何一件事情都有它的不二法门，不论什么时候，一切急功近利的思想与行为都是一种短视，都是非常有害的。人生也有它的不二法门，那就是：做人一定要目光长远，而不要只盯着眼前的一点点利益，要学会朝着目标不停地努力，这是做人唯一的选择，也是最好的选择。因为生命没有“草稿”，年华不容浪费。而实现你人生的最终目标，让理想变成伸手可及的现实，这才是人生最大的利益。

下篇

格局：大气度塑造大格局

PART 01

光明磊落，为人要坦坦荡荡

保持真诚的本色

在人生的舞台上最重要的信条之一便是真诚，我们呼唤真诚，大力宣传“做人要做老实人”的口号，并非没有缘由。然而在现实生活中，要做到真诚却不是那么容易，因为现实中人与人之间关系的复杂，每一个人都有“自我”的两面性，一个是经过包装的“外在自我”，一个是没有经过包装的“内在自我”。两者都具有适应社会的双重属性，是矛盾的统一体，但不可回避的是：“外在自我”带有虚假性和伪装性，“内在自我”则是一种纯真，是人性中本性的表现。

《韩非了》中说：“巧诈不如拙诚。”巧诈可能一时得逞，但时间一久，就露馅了。相反，拙诚是指诚心地做事，诚心地交友，尽管可能在言行中表现得拙朴，但时间长了你的诚实会赢得大多数人的爱戴。

也就是说，在为人处世中，要想赢得友谊，就必须付出你的真情，要用你的真情打动你周围的每一个人。

其实，对周围的人付出真诚，并不需要花你很多的时间或是让你付出太多的精力，有时你只需静静地做一名听众，倾听对方的诉说即可，这样也会给你带来好人缘。

有一位女士，定期去一家美容店做美容。店里的一名美容师向她倾诉婚姻的不幸，并问她，自己是否该离婚。这位女士并不熟悉她的家庭，也不能胡乱替她拿主意，所以每次美容师问她，她就反问一句："你看该怎么办?"美容师就认真考虑一下，然后说出自己的想法。

不久，这位女士收到了美容师的鲜花和感谢信。一年以后，又收到美容师的一封信，说她的婚姻已十分美满，非常感谢这位女士的好意。

事实上，这位女士什么主意也没替她出，只是真诚的态度以及足够的耐心和沉静感染了美容师，给了她一个整理自己思绪的时间和机会，使她从非理智转变到理智中来，找到了解决问题的方法。这位女士就这样"轻而易举"地获得了对方的谢意和友谊。

在为人处世中，真诚的心态，好比一个水源，水源清，水流则清。即你对别人真诚，别人对你也就真诚。在这方面唐太宗为我们树立了典范。

有一位臣子向唐太宗上奏："君王应远离佞臣。"唐太宗觉得奇怪，于是问："谁是佞臣?"臣子回答："臣并没有说谁是，但是有辨别的方法可以供陛下参考。陛下可以在群臣面前装出很生气的样子，来试一试群臣，要是能够始终遵守道理，不屈服于陛下的就是刚直之臣；如果害怕陛下盛怒，而违背自己的心愿，心不甘情不愿地遵从陛下，就可以说是佞臣。”但是唐太宗并未采纳他的意见，说：“水源清澈时，水流也会清澈。为君之人，做出欺骗的行为，又如何要求臣子正直呢？朕只是诚心诚意地想治理好天下而已。”唐太宗的意思十分明白，上任诚，下用情，这好比水一样，水源清，水流也清。

爱特·威廉是一位大商人，他的成功竟然是别人馈赠的。这是怎么回事呢？爱特·威廉二十岁的时候，还是个整日守在河边打鱼的年轻人，根本看不出他的未来会有什么辉煌的成就。一天，一位过河人求助于威廉，原来过河人的一枚戒指不慎掉进了河里。过河人很着急，请威廉帮他到水里摸一摸，谁曾想到，威廉一个上午竟然别的什么也没干，反反复复一连扎到水下二十几次，当他一无所获的时候，他请全村的男人帮忙一起寻找。而且，威廉一点都没有提报酬的事，他只是想为过河人解决难题。不久，过河人出于感动，送给他一个在路边修补汽车轮胎的小店。

有一天，一辆小车停在威廉的小店前，车上人要找一颗很不值钱但又很特别的螺丝钉，否则车无法行驶。威廉翻遍了自己的小店，没有找到，于是他骑上自行车，赶了三四公里，在另一家修车店找到了。当威廉满头大汗返回，并将那颗螺丝钉安装在对方的车上时，他却一分钱也不肯收，威廉真是太让人感动了。不久，这辆小车的主人特地赶来，给了威廉一个五金店让他代理经营。为什么威廉能够一次次获得别人的馈赠呢？就是因为他的真诚，是他做事认真诚恳的态度，是他不计回报的付出。

在人与人的相互沟通与交流中，如果能够更多地以本来的“内在自我”真诚地与人交往，将会起到长久的效果。现实社会中的每一个人的外在形象，往往都被自身的社会地位、家庭背景、工作职位、学识高低等包裹着。由于有这层外在的包装，也就使人与人之间的交流与沟通产生了距离，但是如果能撕开这层包装，人与人之间除了性格之外，在人格、尊严、生存需求等方面都是同等的、无差异的，如果能以这种无差异的“内在自我”与人真诚地沟通与交流，必将获得更多的尊重、信任与信赖。

在风起云涌的IT行业，有这么一个令人瞩目的人物：他曾经是微软的一个普通程序员，却因为一个“异想天开”的创意引起高层注意，成长为身家上千万的中国区总裁；2004年，他又就任盛大总裁一职，创造了身价4个亿的神话……这位“天价”经理人就是唐骏。当媒体问他：“你为什么成功？”他做出了最好的回答：“中国人最怕的是被感动。如果你感动了他，那么，他会为你赴汤蹈火。这是中国人的性格。”当他用真诚感动了同事、家人、上司、竞争对手、社会大众……他梦想中的成功，怎么会不随之而来？

真诚是人类最重要的美德，也是人与人沟通与交流的重要原则，它是基础，也是关键。因为我们不是生活在真空里，所以我们要用心做桥梁与周围的人沟通。

做人真诚不仅是理念，而且也是经验，不只是挂在嘴上说说，还需要用心对待。真诚会让生活非常坦然，谎言会让人坐立不安，俗话说："天下没有揭不穿的谎言。"不要让真诚成为一种迷惑对方的手段，不要自以为很聪明、很高明，把别人都当成傻子，说谎实际上是一种愚蠢至极的行为，是搬起石头砸自己的脚。现实生活中我们都需要与人真诚相处，朋友之间相处需要真诚，合作伙伴之间需要真诚，对于恋人、夫妻间更需要真诚相待。很少有人喜欢听谎言，愿意生活在谎言之中，要知道哪怕是善意的谎言，也会给对方以伤害。谎言犹如一把双刃剑，伤人害己，这些最简单最朴素的道理，是否非要等到自食恶果时才能明白呢?

真诚需要信任与信赖为基础，而信任与信赖的建立也非一朝一夕所能造就，它缘于彼此的一种默契，一种彼此的宽容。如果缺少了彼此的信任与信赖，谈何真诚的相处呢? 俗话说：一个人如果没有感动对方，是因为诚意不够，是因为不能把心真诚地交给对方，是因为没能信任对方。

真诚是可贵的，虚伪是可怕的，没有了真诚，这个世界除了污秽就是虚伪。做人千万别失掉真诚，因为越是珍稀的东西也越是脆弱，也就越是容易失去，所以真诚更显得无比珍贵，一旦玷污就很难还其清白。

正派做人，不要趋炎附势

人们都尊敬君子，在东方文化里，我们崇尚君子的行为。而在西方其实也是一样，只不过他们将之称为“绅士精神”。然而，在现实生活中有一个特别让人不解的现象，那就是：做一个真正的君子竟然往往会让人生厌。这是因为，君子必须真诚，说真话，而说真话往往会刺到别人的痛处。这时，人们又想到了一条妙计，那就是学习用阿谀奉承、溜须拍马、天花乱坠的谎话来欺骗别人，这就是趋炎附势。

面对剧变的社会，面对纷繁的生活，许多人感到人际关系变得越来越复杂，为人处世也变得越来越难。实际上，做人只要保持自己平和的心态，刚正不阿，坚守自己的道德底线，仍然会受到人们的钦佩。趋炎附势、奴颜媚骨、阿谀奉承，最为人所不齿，活在世上谁都瞧不起。

当今社会，趋炎附势的人多，避世的人多，敢于直面丑恶并与之斗争的人少。有的人遇到有利可图的事，就削尖脑袋往里钻，贪图一点便宜；有钱有权有势的人周围，天天都有趋炎附势的人聚集一堂，他们都是怀着一个贪字有求而来。所以，如此以利益为驱动的人际交往不可能有人间真情。

每个人都有欲望，也许有时你会为了得到提拔而绞尽脑汁地在领导面前表现自己的才能，也许有时你会对繁华的物质世界产生强烈的占有欲，或许，你也知道这些欲望的产生对你来说不是一件好事，但是由于终日忙忙碌碌而根本无暇思索这一切。但是当你能够静静地待一会儿时，不妨抓住这个机会，好好地反思一下自己的人生，你会感到一种从未有过的心灵的宁静。

权势名利是现实生活中必然会遇到的，但的确还有许多在权力、金钱面前，却依然保持高洁，不因权力而贪污，不因金钱而堕落的人，他们有人格、有原则，出淤泥而不染，视权势如浮云。

中国古代四大名著《红楼梦》的作者——曹雪芹，他不仅在文坛上享有盛誉，而且在人格魅力上也同样令人敬佩。

曹雪芹一生从不趋炎附势，而且对那些谄媚取宠的人十分憎厌。在都统老爷五十大寿的酒席宴上，他送去两坛水做的酒和一副对联，对联上写着“朋友之交，淡淡如水”。这是极具讽刺意味的礼物，他讽刺了都统老爷和客人们的虚伪，他们所谓的交情只不过是装出来的，是表面上的。

在生活中，趋炎附势的人比比皆是，如果让这股风气继续扩展下去，我们的社会就没救了。因此，我们要从自身做起，遏制这股歪风邪气。平时，不要因为某人有权、有势、有钱就和他没有原则地混在一起，而对那些没权、没势、没钱的人就另眼看待。所以，我们做人要有自己的尊严，对人要平等，切忌“趋炎附势”。

在现代社会，维护自尊才是人的本能与天性，我们要活在自己的尊严里。尊重自己，就要尊重自己的生命与价值。也许一些人认为做人会“趋炎附势”才算圆滑，才算精明，才能获取最大的利益。但是，尊重自己的人格的人，才能称得上是一个真正的人，才能真正实现自我的价值。

法国电影明星洛伊德将车开到检修站，一个女工接待了他。她熟练灵巧的双手和俊美的容貌一下子吸引了他。

整个法国全知道他，但这位女工却丝毫没有表示惊异和兴奋。

“您喜欢看电影吗?”他禁不住问道。

“当然喜欢，我是个影迷。”

她手脚麻利，很快修好了车：“您可以开走了，先生。”

他却依依不舍：“小姐，您可以陪我去兜兜风吗?”

“不！我还有工作。”

“这同样也是您的工作，您修的车，最好亲自检验一下。”

“好吧，是您开还是我开?”女工问道。

“当然是我开，是我邀请您的嘛。”

车行驶得很好。女工问道："看来没有什么问题，请让我下车好吗？"

"怎么，您不想再陪一陪我了？我再问您一遍，您喜欢看电影吗？"洛伊德问道。

"我回答过了，喜欢，而且是个影迷。"

"您不认识我？"

"怎么不认识，您一来我就认出您是当代法国影帝阿历克斯·洛伊德。"

"既然如此，您为何这样冷淡？"

"不！您错了，我没有冷淡，只是没有像别的女孩子那样狂热。您有您的成就，我有我的工作，您来修车是我的顾客，如果您不再是明星了，再来修车，我也会一样地接待您，人与人之间不应该是这样吗？"

洛伊德沉默了。在这个普通女工面前他感到自己的浅薄与虚妄。

洛伊德最后很有礼貌地对那位女工说："小姐，谢谢！您使我想到应该认真反省一下自己的价值，好，现在让我送您回去。"

一个人能否受到别人的尊敬，并不是由于他所处的地位和工作所决定。这位普通女工之所以能赢得对方的尊重，就是因为她重视自己的工作与价值。那些所谓的"大人物"之所以高大，是因为你自己在跪着，你仰慕他们头上的光环，却忽略了自己的生活与价值。

为人要正派，不要趋炎附势，充当墙头草，那样做人会失去尊严，会丧失自身的价值。

庄子曾说过："不为轩冕肆志，不为穷约趋俗，其乐彼与此同，故无忧而已矣。"这句话大意是说那些不追求官爵的人，不会因为高官厚禄而沾沾自喜，也不会因为穷困潦倒、前途无望而趋炎附势、随波逐流，在荣辱面前一样达观，所以他也就无所谓忧愁。庄子主张"至誉无誉"，在他看来，最大的荣誉就是没有荣誉。他把荣誉看得很淡，他认为，名誉、地位、声望都算不了什么。尽管庄子的"无欲""无誉"观有许多偏激之处，但是当我们为官爵所累、为金钱所累的时候，何不从庄子的哲理中发掘一点值得效法和借鉴的东西呢？

做人要堂堂正正

正直，是做人应该具有的优良品德，也是中华民族最为崇尚的传统美德之一，历来为人们所称道和赞誉。古代有个成语“刚正不阿”就是赞扬正直的，民间所说的“身正不怕影子斜，脚正不怕鞋歪”，也是赞扬正直的。从“正直”的字面意思来说，“正”是符合标准方向，不偏斜；“直”是不弯曲，不偏斜，“正”与“直”合起来的意思就是公正、直爽。正直的道德内涵是十分丰富的，它既是一种公正的道德意识，又是一种高尚的道德情感，也是一种纯正的思想作风和正当的道德行为。正直的实质是为公还是为私的问题，为公为正，为私为邪；秉公为直，偏私为恶。

正直和邪恶是对立的。一个人有了正直的品德，就会对自己严格要求，不谋私，不贪利，不文过饰非，不隐瞒自己的观点，不偷奸耍滑。对他人不阿谀奉承，不溜须拍马，不阳奉阴违，不包庇坏人坏事。处理事情，敢于主持公道，伸张正义，抨击邪恶，不怕打击报复……总之，正直的人能堂堂正正地做人。

我国人民历来崇敬那些具有正直品格的人，司马迁、包拯、海瑞、林则徐、闻一多、李大钊……都在人们心目中留下了难忘的光辉形象，成了人们学习的榜样。为官清正廉洁，可以说是中国几千年老百姓对吏治的理想。

中国历史上典型的清官首推宋代包拯。作为北宋的一代名臣，包拯官至龙图阁大学士，为官清正，一尘不染。史载：“端州产砚，前守缘贡，率取数十倍以遗权贵。”而包拯任端州刺史时，“命制者才足贡数，岁满不持一砚归”。正因为这样，他说话才理直气壮，力重千钧！“关节不到，有阎罗包老”，在民间也广为传颂。

裴潜，也是我国历史上由于清正廉洁而被传颂的人物。三国时魏国有一个廉洁的代名词，叫作“挂胡床”。李白诗“去时无一物，东壁挂胡床”，就是赞美魏国廉吏裴潜的。原来，裴潜曾在曹操帐下参与军事谋略的筹划工作，后出任兖州刺史。曹丕时又任过散骑常侍、荆州刺史，被赐爵“关内侯”。曹睿时更升到尚书令的高位，被封为“清阳亭侯”。但就是这样一位“三朝元老”，为官却清廉过人，他在任兖州刺史时，曾经做了一个叫“胡床”的可折叠的轻便坐具，他离任时，将胡床挂在柱子上。这件事为人们传颂，“挂胡床”便也成了一尘不染、清廉正直的象征。

诸葛亮舌战群儒，讥笑东吴陆绩“公非袁术座前怀橘之陆郎乎?”却是笑错了。陆绩并非贪鄙之徒，却以廉洁著称。至于他5岁时在袁术座前怀橘，是为了带给母亲吃，亦见其赤子之心。陆绩曾出任郁林太守，这里靠近南海，物产丰饶，以太守的权势，几年之内就可捞个万贯家财。但陆绩廉洁奉公，政务之外就钻研天文学，绘有《浑天图》等，成为三国时代有名的天文学家之一。当他离任时，从水路经南海，沿着今天的台湾海峡返回家乡吴郡。由于他为官清廉，行李无几，放在船上太轻，船在海上行动不稳，便命人搬一块巨石上船，以增加船身重量。这块郁林巨石随他到了家乡，成为陆绩清廉的象征。人们称赞“郁林石”，以此表达对陆绩的敬仰。

要做正直的人，必须从多方面努力。毛泽东曾指出：“一个人做点好事并不难，难的是一辈子做好事不做坏事，这才是最难最难的啊！”《晋书》中说：“为官长当清、当慎、当勤，修此三者，何患不治乎？”包拯更直率地指出：“廉者，民之表也；贪者，民之贼也。”要想做个正直的人，其根本之点就是除去过多的私心，私欲太多的人，必定不是正直的人。正直的人不谋私利，出以公心；正直的人疾恶如仇，敢于斗争；正直的人严于律己，行事端正。正直的修养内容是非常丰富的，对正直的道德境界的追求更是长期的。

孟子说：“仰不愧于天，俯不怍于人。”做人光明磊落，做事心安理得，就可以上无愧于天，下无愧于自己也无愧于别人。“人无一内省之事，则天君泰然，此心常快足宽平，是做人第一自强之道，第一寻乐之方，守身之先务也。”曾国藩的这句话道出了孟子的心声。不做对不起人的事，就应该先审视自己的良心是不是缺失了，在行动中时刻以良心监督自己，行动之后，良心又对事情的后果进行评价和反省。君子内省不疚，无恶于志。君子之所不可及者，其唯人之所不见乎！

俗话说：“不做亏心事，不怕鬼敲门”，“身正不怕影子斜”，旨在要求和规范人们在做人处世中“中正”而行。利用别人不知道而欺瞒别人是为人所不齿的事。《菜根谭》有云：“居官有二语，曰：唯公，则生明；唯廉，则生威。”从许多人在官场上弄权营私、贪污纳贿而导致败亡的事例看，廉洁奉公不失为明智远虑者的养权之策。

东汉杨震，通晓经书，博览群书，精于考究，时饱学儒生称赞他为“关西的孔子”。但他几十年隐居不接受州郡长官的征聘，50岁时，才开始到州郡做官，后晋升为荆州刺史，东莱太守。赴任莱州太守时，途经昌邑县，经他从前举荐而得官的昌邑县令王密，在无人知晓的深夜以金十斤拜谒相赠。杨震说：“我很了解你，但是你却不了解我的为人，这是为什么呢?”王密说：“夜已深，没人知道。”杨震说：“天知，神知，我知，何谓不知?”王密十分惭愧地退了出来。杨后来又调到涿郡任太守，他为人公正廉洁，不受私人拜会请托，子孙常素食步行。他的旧友、宗亲老人劝他为子孙购置些产业，杨震不愿意这样做，他说：“给子孙留下清廉的榜样难道不比为他们留下丰厚的遗产好吗？”

唐宪宗时的忠武军节度使李光颜，也是廉洁奉公的人。当时，淮西节度使吴元济据申、光、蔡三州叛变，统十万兵的淮西军行营韩弘不但不努力讨伐叛军，反而嫉恨李光颜对叛军吴元济作战有功。他图谋暗地阻挠，想来想去，决定用美人计拖李下水。于是他在汴州城遍求女色，终寻得一绝色美女，教以棋琴书画，歌舞弦管，让她衣着绫罗绸缎，穿金戴银，花费几百万钱来刻意打扮，然后派使者送去给李光颜，希望李一见美女就喜欢得迷惑住，从而懈怠于军政。使者马上带着韩弘的信先来到李光颜的军营，说：“韩大人派我来拜谒李大人，他顾念你征战辛苦，欲进一妓，以慰问李大人征役之苦。”李光颜说：“今日已晚，明早再接纳吧。”次日早晨，李光颜大宴将士，三军咸集，传令使者进贡美妓。美妇来到，果然容貌举止秀丽端庄，犹如天仙下凡，举座皆惊叹其美。李光颜对来使说：“光颜受国家恩深，誓与逆贼不共戴天。今战卒数万，皆离妻别子，效命沙场，冒着刀光剑影与我讨逆，我李光颜有何面目以女色独自为乐！”言罢，泣涕呜咽，堂下士数万，皆感激流涕。李光颜遂以缣帛厚酬来使，请他领妓自席上而回，自此兵众更加奋发效命。大凡自己贪赃枉法，挪用公款，以及滥用刑罚，触犯法律等，都是自己个人所犯，叫作私罪。

人只有行得正，做得直，才能直言不讳、坦诚无私。此外，还要向时代的英雄人物学习，因为每个时代都有自己的代表人物，而这些人物都集中体现了这个时代的社会道德精神。所以要提高自己的认识水平和分辨能力，真正做到“心明眼亮”。光明磊落、思想境界高、背后不做有愧于己有愧于人的事，这就是君子；而心理阴暗、思想境界低、喜欢在暗地里害人的，就是小人。

打破冷漠的心墙

20 世纪 30 年代，一位犹太传教士每天早晨，总是按时到一条乡间土路上散步。无论见到任何人，总是热情地打一声招呼：“早安”。

其中，有一个叫米勒的年轻农民，对传教士这声问候起初反应冷漠，在当时，当地的居民对传教士和犹太人的态度是很不友好的。然而，年轻人的冷漠，未曾改变传教士的热情，每天早上，他仍然给这个一脸冷漠的年轻人道一声早安。终于有一天，这个年轻人脱下帽子，也向传教士道一声：“早安。”

好几年过去了，纳粹党上台执政。

这一天，传教士与村中所有的人都被纳粹党集中起来，送往集中营。在下火车、列队前行的时候，有一个手拿指挥棒的指挥官，在前面挥动着棒子，叫道：“左，右。”被指向左边的是死路一条，被指向右边的则还有生还的机会。

传教士的名字被这位指挥官点到了，他浑身颤抖地走上前去。当他无望地抬起头来，眼睛一下子和指挥官的眼睛相遇了。

传教士习惯地脱口而出：“早安，米勒先生。”

米勒先生虽然没有过多的表情变化，但仍禁不住还了一句问候：“早安。”声音低得只有他们两人才能听到。最后的结果是：传教士被指向了右边——意思是生还者。

传教士执着的爱使他得到了生存的机会。

我们每个人都有被别人尊重和关心的需要，这是我们心理的最基本需求之一。无论你取得什么样的成功，或大或小，如果没有人来与你分享，那你所取得的成绩毫无意义，你终将郁郁而终。

沃伦·巴菲特就曾经是个冷漠至极的人，他对金钱过于追求，认为付出爱心远不如去赚1毛钱有用；他是个对金钱和经济比较敏感的人，后来取得了巨大的商业成功，可是到头来他感到寂寞和空虚，因为他之前对社会和朋友、家人缺少关爱，以至于没有几个人愿意关心他的成就，别人只是关心与他之间商业上的利益。

他感到孤寂，他感到无聊，他的头发都掉光了，他全身发肿！在沃伦·巴菲特的晚年，他终于意识到自己的冷漠带给他无尽的痛苦，最终他决定把99%的财产奉献给社会，来弥补他冷漠的过去。现在，他怎么样呢？容光焕发，每天享受着人与人之间互相关爱的乐趣。

社会是人与人公平生存的社会，如果你不付出爱心，也会很难收获别人的关爱，为什么传教士保住了自己的生命？为什么沃伦·巴菲特最终选择付出而不是继续追求财富，因为他们打破了冷漠的心墙，付出爱心，让别人得到的是另一片温暖的天空。

改掉冷漠的最大困难，是身体里的冷漠态度已经根深蒂固，应该有意识地提醒自己改掉这种态度。你必须勇敢打破冷漠的心墙，当你不情愿主动地与他人交流的时候，肯定是一副冷漠或无所谓的态度，从今天开始，你必须丢掉这样的态度，把一个好的积极的一面展现出来。

经常与人交流的人往往具有良好的心态和谈话技巧，并且把交流作为一种生活必需，这样的结果必然是不给冷漠任何机会。为此，我们可以付出爱心给身边的朋友、同事和亲人，或者参加一些社会公益活动。当我们把爱心付给这些人，那么他们也会相反地付给我们同样的爱心。你们会亲密联系在一起，从此你不会感到孤独和空虚。

人活在世界上，最重要的不是被爱，而是要懂得去爱别人。因为只有爱人的人才会被人爱。请将你冷漠的心墙推开，让友谊和温情的阳光照进来。因为我们的成功喜悦需要有人分享，我们的痛苦哀伤需要有人分担。只有拥有了真心的朋友，我们的人生才不会孤单。

PART 02

敞开胸怀，有度量才是大格局

让阳光扫去是非

小李刚学开车时劲头很足，不管刮风下雨，每天准时去驾校指定的场地练习。一天，他刚驾车驶上驾校外的场地，不知从哪里趺趺撞撞走出个醉汉拦住了他的车，非说是小李前天在马路上撞了他并让小李下车道歉。要是在以前，他会上去给醉汉两拳，这一次他却没有。他想了想就下了车，和颜悦色地对醉汉说："对不起，请你原谅我。"那位醉汉拍了拍他肩膀说："冲你这句话，走人。"他回到车上，一点也没觉得受了委屈，反而有一种战胜自我的愉悦感。

生活中，难免遇上这样那样意想不到的是是非非，为自己开一扇心窗，就是自己安慰自己。自己安慰自己不就是明亮温暖的阳光吗？扫去生活中充斥的是非的阴霾，这不也是一种于己于人有益的忍吗？

唐朝时，李世民的女儿平阳公主下嫁给薛万彻为妻。

旁人诽言："薛驸马才能不高，平阳公主嫁给他太委屈了。"公主觉得丢了面子，独自哭诉后想出了一个办法。

一次，父皇设宴大请朝内文武百官，公主特意拉着夫婿的手一起亲亲热热地去赴宴。席间，公主有意以夫婿的长处为话题，让父皇乘着酒兴，以身边的佩刀做彩头，和夫婿玩起比手劲的游戏。翁婿俩彼此使劲拉，公主又示意父皇装输，父皇心领神会，然后解下心爱的佩刀，亲手给薛万彻佩戴，其他大臣也一片喝彩。这样一来，平阳公主在人前挣足了面子，感到很光彩，不再抱怨夫君无能了。

平阳公主是聪明的，既不为无法改变的客观事实悲观，更不活在他人的闲言碎语中，为自己找出一条平衡心理的理由，如此不就心满意足了吗？

是非终日有，不听自然无，不听就是忍让和宽容。既然为人处世，不可能人人满意，人人拥护，既然修养再好的人也不可能不遇到是非。因此，对待是非最好的办法就是充耳不闻，能忍善让，是非自然烟消云散。

生活中不如意事十之八九，为自己开一扇心窗，拥有像天空这样宽阔的胸怀，生活中自然会少许多烦恼。

有位士兵是个虔诚的基督徒，每晚都要祷告。

有一次，他们在野地扎营，晚上临睡前，这个士兵仍像往常一样跪在睡袋边祷告。其他人见他这样做，脸上都挂着轻视的笑容，纷纷嘲笑说："性命都不知道能不能保住，做那无用功干啥?”其中有一位性情十分暴躁的人，竟然粗鲁地顺手将肮脏的靴子向他丢过来。

他略受惊吓，但是仍然继续祷告，祷告完了，就躺入睡袋。

第二天早上，那个丢靴子的人赫然发现他肮脏的靴子被擦得闪闪发光，并且放在他的床边。这一件事使他终生难忘，从此，其他人再也不在这位士兵祷告时是是非非地议论了。

心怀宽容，周围的一切才会因闪耀着美丽而令我们无法割舍；心怀宽容，我们才不会苛求生活，怜悯自我，更不会怨天尤人，愁苦太多；心怀宽容，我们才会拥有煦暖的春阳、幽静的小河、高远的晴空，才能奏响生命中最为动人的凯歌！

凡事不要斤斤计较

生活在凡尘俗世，难免与人磕磕碰碰，难免遭别人误会猜疑。你的一念之差、你的一时之言，也许别人会加以放大和责难，你的认真、你的真诚，也许会被别人误解和中伤。如果非得以牙还牙拼个你死我活，如果非得为自己辩驳澄清，可能会导致两败俱伤。所以人之所以会有很多烦恼，都是因为遇事不肯让他人一步，总觉得咽不下这口气。其实，这是很愚蠢的做法。

杨玢曾是宋朝的一位尚书，年纪大了便退休在家，安度晚年。他家住宅宽敞、舒适，家族人丁兴旺。有一天，他在书桌旁，正要拿起《庄子》来读，他的几个侄子跑进来，大声说："不好了，我们家的旧宅被邻居侵占了一大半，不能饶他！"

杨玢听后，问："不要急，慢慢说，他们家侵占了我们家的旧宅地？"

“是的。”侄子们回答。

杨玢又问：“他们家的宅子大还是我们家的宅子大？”侄子们不知其意，说：“当然是我们家宅子大。”

杨玢又问：“他们占些我们家的旧宅地，于我们有何影响？”侄子们说：“没有什么大影响，虽然如此，但他们不讲理，就不应该放过他们！”

杨玢笑了。他指着窗外落叶，问他们：“树叶长在树上时，那枝条是属于它的，秋天树叶枯黄了落在地上，这时树叶怎么想？”侄子们不明白含义。杨玢干脆说：“我这么大岁数，总有一天要死的，你们也有老的一天，也有去世的一天，争那一点点旧宅地对你们有什么用？”侄子们现在明白了杨玢讲的道理，说：“我们原本要告他的，状子都写好了。”

侄子呈上状子，他看后，拿起笔在状子上写了四句话：“四邻侵我我从伊，毕竟须思未有时。试上含光殿基望，秋风秋草正离离。”

写罢，他再次对侄子们说：“我的意思是在私利上要看透一些，遇事都要退一步，不要斤斤计较。”

在古老的西藏，有一个名叫爱地巴的人。每次生气或者和人发生争执的时候，他就飞快地跑回家，绕着自己的房子和土地跑上三圈，然后坐在田地边使劲地喘气。爱地巴工作非常勤奋努力，因此他的房子越来越大，土地也越来越宽广。但不管房子有多大，只要他与人生气了，他还是会绕着房子和土地跑三圈。

为什么爱地巴每次生气都这样做呢？

所有认识爱地巴的人，心里都非常疑惑，但是不管怎么问他，爱地巴都不愿意说明。直到后来有一天，爱地巴的房、地已经非常大了，而爱地巴也老得快走不动了，但他依然拄着拐杖艰难地绕着土地和房子走。等他好不容易走完三圈后，太阳都下山了。爱地巴坐在田边艰难地喘着气，他的孙子在他身边恳求他："阿公，你年纪已经很大了，这附近也没有人比你的土地更宽广了，您别再像从前一样，一生气就绕着土地跑了！您可不可以告诉我，为什么您一生气就要绕着土地跑上三圈啊？"

爱地巴禁不起孙子的恳求，终于说出了隐藏在心中多年的秘密，他说：

"年轻的时候，我一和别人吵架、生气，就绕着房子和土地跑三圈，边跑边想，我的房子这么小，土地这么少，我哪有时间、哪有资格去跟人家生气，一想到这里，气马上就消了，于是就把所有时间用来努力工作。"

孙子又问道："阿公，你年纪大了，而且变成了富有的人，为什么还要绕着房、地跑呢？"

爱地巴笑着说："我现在还是会生气，生气时绕着房、地走三圈，边走边想，我的房子这么大，土地这么多，我又何必跟人计较呢？一想到这儿，气立刻就消了。"

在生活中，不要过于计较个人的得失，也别常为一些鸡毛蒜皮的事而动辄发火，在人际关系、家庭和睦、邻里相处等问题上，不要太过于较真，这样，人的一生才算是一个美好而愉快的一生。

人生福祸相依，变化无常。少年气盛时，凡事斤斤计较、锱铢必较，往往在不必要的事上浪费过多的时间和精力。一个人年事渐长，阅历渐广，涵养渐深，对争取之事应看得淡些，凡事不必太认真，顺其自然最好。

有师徒二人东游，来到一个地方感觉腹中饥饿，师父就对徒弟说："前面有一家饭馆，你去讨点饭来。"徒弟领命就到了饭馆，说明来意。

饭馆的主人说："要饭吃可以啊，不过我有个要求。"徒弟忙道："什么要求？"

主人回答："我写一字，你若认识，我就请你们师徒吃饭，若不认识乱棍打出。"徒弟微微一笑："主人家，恕我不才，可我也跟师父多年。别说一字，就是一篇文章又有何难？"主人也微微一笑："先别夸口，认完再说。"说罢拿笔写了一个"真"字。徒弟哈哈大笑："主人家，你也太欺我无能了，我以为是什么难认之字，此字我五岁就识。"主人微笑问："此为何字？"徒弟回答说："不就是认真的'真'字吗？"店主冷笑一声："哼，无知之徒竟敢冒充大师门生，来人，乱棍打出。"

徒弟就这样回来见师父，说了经过。大师微微一笑："看来他是非要为师前去不可。"说罢来到店前，说明来意。那店主一样写下"真"字。大师答曰："此字念'直八'。"那店主笑道："果是大师来到，请！"就这样吃完喝完不付一分钱走了。徒弟不懂，问道："师父，你不是教我们那字念‘真’吗？什么时候变成‘直八’了？”大师微微一笑：“有时是认不得‘真’啊。”

凡事不必太较真，家庭生活中也是一样。俗话说：金无足赤，人无完人。作为夫妻，食的是人间烟火，谁也不可能完美无缺，所以双方都应当学会宽容对方的缺点，只要不是原则性的大问题，就不要求全责备，该装糊涂就装糊涂，该和稀泥就和稀泥。对方无意间带给你的小小伤害或不悦，不要放在心上或挂在嘴边，过去的事就让它过去。适时地宽容对方，可以消除婚姻的阴影。

婚姻的密码在于“求大同，存小异”。有人比喻夫妻就像两块拼在一起的木板，双方的结合并非天衣无缝，质地和纹路也不尽相同。夫妻不会像两滴水一样，他们在性格、爱好、生活方式上都存在着差异，任何一方都不能按照自己的标准去塑造对方。夫妻双方应允许各自保留一块独具特色的“自留地”。

凡事不必太较真，如果太较真，你表现出一分敌意，他有可能还以二分，然后你则递增为三分，他又会还回来六分……把敌意换成善意，你会有很大的收获。当“冤冤相报何时了”的双输，能转变成为“相逢一笑泯恩仇”的双赢时，不是人生最大的成功吗？

具备沉稳忍让之心

“小不忍则乱大谋”已经成为一些人用以告诫自己的座右铭。有志向、有理想的人，不应斤斤计较个人的得失，更不应该在小事上纠缠不清，而应有开阔的胸襟和远大的抱负。只有这样，才能成就大事，从而实现自己的梦想。

1. 面对中伤，保持冷静

在20世纪60年代的美国，有一位很有才华、曾经做过大学校长的人，参加竞选美国中西部某州的议会议员。此人资历很高，又精明能干、博学多识，唯一的不足就是遇到不好的事情总是爱生气、发火，不过总体看起来他还是很有希望赢得选举的胜利的。但是，糟糕的事情还是发生了。在选举的中期，有一个很小的谣言散布开来：三四年前，在该州首府举行的一次教育大会中，他跟一位年轻女教师“有那么一点暧昧行为”。

这实在是一个弥天大谎，这位候选人对此感到非常愤怒，并尽力想要为自己辩解。由于按捺不住对这一恶毒谣言的怒火，在以后的每一次集会中，他都要站起来极力澄清事实，证明自己的清白。其实，大部分的选民根本没有听到过这件事，但是，现在人们却越来越相信有那么一回事，真是越抹越黑。公众们振振有词地反问："如果你真是无辜的，为什么要百般为自己狡辩呢?"这位候选人听到以后，更加的气愤，情绪变得异常糟糕，也更加气急败坏、声嘶力竭地在各种场合下为自己洗刷，谴责谣言的传播。然而，这却更使人们相信谣言的真实性。最悲哀的是，连他的太太也开始转而相信谣言，夫妻之间的亲密关系被破坏殆尽。

最后他竞选失败了，从此一蹶不振。

在这个故事中，这位候选人因为没有冷静地对待这件本来很小的事情，而使之成为他竞选的最大阻碍。可见，在小事上需要有忍的态度和修养。

人们在生活中有时会遇到恶意的指控、陷害，甚至经常会遇到种种难以忍受的恶语中伤。遇到这些不如意的事情，如果我们不能保持冷静的头脑，暴跳如雷，大动肝火，结果只能像上面故事中的主人公一样，把事情搞得更糟。克制自己的愤怒情绪，只有冷静，才能让你保持足够的清醒，想出真正解决问题的办法。

2. 忍一时，成就一世

很多人在工作中都会遇到一些不如意、不顺心的事情，在这种情况下，大多数人都会选择离职，或因是否离职而犹豫不决，他们认为别的公司都是理想的。殊不知，再好的公司也很难有令自己“完美无瑕”的感觉。一旦发现新公司并不是自己所理想中的那样，定会重蹈覆辙，永无休止地徘徊在求职和离职之间。

有家公司的老板是一位女性，在工作中，她对网站的专业知识不是太懂。小李在帮一个客户做网站时，因为这个客户很重要，老板就亲自监工。但是她在一旁的指手画脚让小李无所适从，听吧，不专业；不听吧，人家可是老板。结果那个网站做得一塌糊涂，老板便把工作中出现的错误全部归结到了小李工作不认真上，小李也没办法，只好“哑巴吃黄连”，认了。

经过这次教训后，再有其他工作任务时，小李就拒绝了老总的瞎指挥，做出的东西令客户们都很满意。两个月后，老板就给小李加了薪。

如果小李第一次受气的时候就提出离职的话，那肯定也就没有了后面加薪的出现。所以大丈夫应该张弛有度。

在职场中，不要去计较一城一池的得失，更切忌冲动和无所顾忌，将大量的时间和精力浪费在自己短期内遇到的不满上。如果站在不同的角度来剖析工作中存在的问题，认真挖掘其内在的真正原因，你会发现，你的工作会有很大的转变，既拥有了自己的发展空间又增强了别人对你价值的肯定，也少了东山再起的辛劳，三全其美，何乐而不为呢！

一个人无论在什么时候都要能屈能伸，不可计较一时的得失。当你意气用事的言行举止越来越少时，那么你成功的机会也就越来越大。只有在小事上能忍的人，他才会摘得成功的果实。只有努力摒弃工作中的愤愤不平，在追求幸福和成功的路上才会少些崎岖，多些平坦。

3. 沉稳忍让之心是成大业的基础

古之成大业者，必有沉稳忍让之心。沉稳忍让之心乃是成大业者之根本因素，如果没有这种心态，要想成功的话，恐怕会很难的。

有一天，张良来到一座桥上，遇见一位老人。老人的鞋子正好掉到了桥的下面，他以命令的口吻叫张良下去捡鞋，然后再给他穿上。张良很听话地把鞋捡上来，并且跪着给老人穿上，一点也没有生气的样子。老人看到张良心地善良，而且有忍让之心，就指着桥边的大树说："五天以后，在那里等我，我有东西给你。"

张良知道这个老人不同寻常，所以便按约定的日子去了，可是老人早已等候在那里，指着张良，生气地说："你这个小孩子和长者约会，为何迟到？五天以后还在这里等我。"

第二次，张良不敢怠慢了，半夜就到了约会的地点。结果又迟到了。老人把张良又痛骂了一顿，让他五天以后再来。

第三次，张良再也不敢迟到了，约会的前一天就赶到了那里，并一直等候着。老人来到，见到张良非常高兴，说："孺子可教也。"

于是就送给张良兵书一部。据说，这部书就是《太公兵法》，而那位老人就是有名的兵法大师：黄太公。

后来，张良帮助汉高祖刘邦打天下，成为运筹帷幄、决胜千里的著名谋士，与其说得力于这部兵书，不如说得益于他的处世方式。

在快节奏的现代社会里，什么都讲究快速。放眼望去，吃的是快餐，读的是速成班，走的是捷径，渴望的是瞬间成功。正因为我们生活在这样的一个社会里，人们才更应该学会忍让之术，才能让你在忙碌的生活中少生一点气，多一分平和的心态。所以一时的忍让，也许可以成就你一生的事业。

PART 03

取舍有度，学会选择，学会放弃

选择自己真正想要的

西蒙在一家缝纫店当学徒，他希望能挣些钱，替家里多分担一下。西蒙一开始不愿意从事这份工作，因为在缝纫店工作不仅压力很大，而且获得的酬劳还不够支付他的生活费和学徒费。更让他无法忍受的是，因为被限制在缝纫店，他的理想永远无法实现了。

西蒙当时十分悲观地想过，与其这样痛苦地活着，还不如一死了之。西蒙的眼睛被绝望蒙住了。某天晚上，悲观失望的他准备跳河自尽。他闭上眼睛，听见风呼呼地吹着，远方传来一支芭蕾舞曲的声音。突然他想起了“芭蕾音乐之父”波特，波特是他从小就崇拜的人，西蒙觉得，这个世界上只有波特才能理解他这种为艺术献身的精神。他决定给波特写一封信，希望波特能收他当学生。

过了不久，西蒙意外地收到了波特的回信。但波特在信中并没有提及要收他为徒的事，西蒙想为艺术献身的精神也没有令他感动。在信中，波特把自己的人生经历告诉了西蒙。波特说他小时候的梦想是要当一名科学家，可是他的家境十分贫寒，父母无力送他上学，不得已，他只能在江湖上卖艺谋生……最后，他在这封信的结尾写道，“现实与理想之间是有差距的。一个人想要获得成功的首要条件是生存。好好活着，才有可能实现自己的理想。一个不珍惜自己生命的人，也没有资格谈艺术。”

西蒙看到波特的回信，深深被震撼了。后来，他白天在缝纫店学习缝纫技术，晚上熬夜学习文化。23岁那年，他在巴黎开始拓展自己的服装事业。不久之后，他便拥有了自己的公司和服装品牌。

西蒙有一次在接受访问的时候说，其实自己并不适合当一个音乐家，那只不过是年少时候的美好愿望而已。

西蒙之所以能够开创自己的事业并获得成功，原因就在于他年轻时能够作出一个正确的取舍。

人们在生活中，总是希望能够多一个选择。比如逛街一定要去商场多的地方，买汽车一定要去汽车4S店多的地方。但是选择多不一定就是件好事。有研究报告指出：选项愈多反而可能造成负面结果。

因为选择一旦多了，人们通常会对自己一开始选中的东西进行自我否定。

选择太多，会让人犹豫不决，无法下手。因为人们总是觉得拿在手里的不是最好的，总想着能够挑出更好的东西来。但是他又无法确定到底哪个才是最好的，于是不断地选择、放弃、再选择、再放弃……最后一无所获。

包先生是一家连锁店的老板，为了帮助公司更好地发展，他经常鼓励员工要多提一些建设性的意见。可是有时候，他觉得十分困扰。因为意见太多，他无法判断究竟哪个才是适用的。每当整理这些意见的时候，他就觉得头疼，因为每个人的立场和眼光不一样，对同一件事物的看法也不一样，这让他管理的进度越来越慢。

人生就像旅行，你的背包里只能装下有限的东西。既不能什么都装下去，也不能装的全是过去的、旧的东西。人应该学会与时俱进，不断地拿出旧的东西，放进去新的东西。

适合你的才是最好的

这是一位幸运女士的亲身经历。

有一次去超市购物，她远远地看见同班的一个男生在化妆品专柜前转悠。她不禁好奇：他是班上成绩最好的男生，家里十分贫穷，连学费都是借的，怎么会来买昂贵的化妆品呢？

出于好奇心，女孩走了过去。他看见女孩，眼神里有些躲闪，却没有从货架旁移开脚步。女孩问他是要给谁买化妆品，可以帮他参考参考。他十分不好意思，说道："我想给我母亲买一罐护肤品。她其实很漂亮，为我操劳半生，终日在田间劳作，皮肤都晒坏了。上次邻居大哥出门给他媳妇带回了一瓶护肤品，他媳妇就到处炫耀说这个能让人年轻，母亲看后就问我，真的那么灵吗？我听了心里很难受，省了一个月的伙食费，想给她买一瓶护肤品。"

女孩被他对母亲的深情打动了，陪他挑了一套适合的化妆品。

后来听他说，他母亲看到化妆品的时候，高兴得哭了。

再后来，女孩主动追求他，他们两个成了恋人。

再后来，他们决定结婚。可是女孩周围所有的人都反对他们在一起，说他家是农村的，家庭负担重，还其貌不扬，和女孩不般配……但女孩还是坚持着和他结婚了。

现在，他们已有了一双儿女，男孩事业发展得很好，又顾家，一家人生活得很幸福。身边的人无不羡慕他们的美满生活。

有人说：“选择自己爱的，不如选爱自己的。”爱情总是突如其来，一瞬间击中我们的心，我们往往被一时的热情蒙蔽了双眼，执着地、单方面地爱着那个不适合我们的人，这是很可悲的。这样的爱，终将难修成正果。

一个人是不完整的，所以无论男人还是女人都在寻找自己的另外一半。有的人很幸运，找到了。有的人很不幸，穷尽一生也没有找到。要相信这个世界上总有一个人，是和你完全契合的另一半，只是你还没有寻找到而已。这个世界上也总有一个和你一样的人在等你，不论身在何方，他一直在找寻你的踪影。

只有找到合适自己的人来爱，两人的未来才会有幸福可言。但是，谁才是适合自己的那个人呢？该怎么去选择呢？他不一定是最完美的或条件最好的那个人，不一定是社会地位和经济状况最和你相配的那个人，但一定是最能跟你分享人生快乐和苦难的那个人。

有一篇文章说日本太太为讨丈夫欢心，早上很早就起床化妆，精心打扮。 等到丈夫醒来，第一眼就会看到一个清新的出浴美女，还有精心准备的早餐。 晚上，要算好丈夫下班的时间，赶在这之前把自己打扮妥当，穿上最美丽的衣服，摆出最优雅的姿势，在丈夫打开门的一瞬间，送上最甜美的笑容和温暖的拖鞋。

在另外一个人面前，你能全然不顾形象，不刷牙，不洗脸；想哭的时候能放声大哭；想笑的时候，哈哈大笑；受了委屈的时候可以鼻涕眼泪都抹在他新熨的西装上……哪一种更幸福呢？

找一个真爱的、深爱的、相爱的人来共度一生，才是最幸福的。 幸福无法定义，只能让你的心去判断，觉得“没错，就是他了”，那就说明你找到了那个适合你的人。 适合的才是最好的。 也许你会很爱很爱一个人，说不出理由，就是爱。 可是你们在一起经常吵架，两个人筋疲力尽，那时候就要选择放手。 因为爱上一个不适合的人，就算你付出再大的努力，也是不适合的。 真心找一个爱对的人，爱对一个真心的人。

无论是在爱情上，还是在工作和学习上，都是一样的。

人生不可能十全十美，总是会留有很多遗憾。 适合自己的才是最好的。 有时候不妨静下心来，问问自己的心，听听它的意见。 在人生道路上只要找到适合自己的位置，你一样可以演绎出精彩的人生。

让名得名，让利得利

1984 年 12 月初，柳传志争取到了中科院 20 万元创业款，当时的他非常需要找到一位行业内的高精尖人士加盟。中科院计算机所的倪光南是他心目中的第一人选。当时倪光南已经研发出可以让汉字输入产生联想功能的“汉字信息处理系统”。在当时的技术环境下，这是一项十分先进的技术，倪光南也因此名声大噪。

倪光南在柳传志的盛情邀请下，同意和他一起创业。但为了一心埋头研究，他约法三章：“一不做官，二不接受采访，三不接受宴请。”

倪光南在创业初期的加入，对柳传志来说，不亚于“雪中送炭”。柳传志不仅对他心存感激，而且十分敬重倪光南的为人和学识。因此，公司将倪光南塑造成企业的形象代言人而不是柳传志。

倪光南连续十年被联想塑造为形象代言人，令他声名在望。而倪光南也没有辜负联想和柳传志的厚望，以更大的热情投入到工作中，付出了极大的精力和努力研发出来联想汉卡Ⅰ、Ⅱ型。这在当时业内造成很大轰动。

有个大元帅，身经百战，战绩卓越，是军事史上难得一见的帅才。在一次功臣大会上，当人民代表把绣着“常胜将军”的横匾送给这位将军时，他谦逊地说：“‘常胜将军’这个称号，我真的不敢当。在战场上打仗，不可能常胜，大多数情况下能够胜利就不错了。胜利，功劳不应该给我，应该给党和人民。我只是人民的勤务员，没有人民提供吃、穿和士兵，军队是不可能打胜仗的。”新中国成立后，有一个报社要出版《百科全书》，其中有一个词条写到了他，称呼他是“革命军事家”。他知道后，强烈要求将其改成“革命军人”。他说：“我只是一个普普通通的军人。”虚怀若谷、淡泊名利的襟怀在这位老革命家身上体现得淋漓尽致。

“功成而弗居，夫唯弗居，是以不去。”说的是有了功绩而不自居，功绩才能长久。又说：“夫唯不争，故天下莫能与之争。”意思是不与人争，天下没有人能争得过。老子的话，凝聚了中华民族深邃的智慧，值得我们铭记。

谦让具有群体效应。在一个群体中，如果有人争权夺利，玩弄权术，就会有更多的人受到这种风气的影响。大家就会互相猜忌、怀疑。反之，如果在一个集体里，有人身先士卒，谦恭礼让，那么就能形成使每个人都能充分发展的和谐环境，使生活在其中的人们愉快、幸福。同样的，社会也是一样，如果社会的主流文化不能做到崇尚礼让，那么这一定是个动荡不安的社会。只要一人让，人人让，国家便可安定长久，兴盛发达。

在各种欲望中，“名利”二字往往最难被人所看破。如果能够以淡泊的态度看待名利，视功名利禄为粪土，只求内心能够安乐，便可不受它的控制，悠然自乐。

聪明人从不对名利斤斤计较。在利益面前保持一颗清明的心，不盲目争权夺势，顾全大家的利益，就会为自己赢得尊重，最终名利双收。

与其后悔，不如放弃

王祥是个很有经验的职场老手，他能够准确地把握股票市场的发展趋势，人们都以为他有着独特的股票分析感观。当人们问起他的成功秘诀时，他却说，自己的秘诀就是，与其抱残守缺，不如断然放弃。很多时候，他的判断也是错误的，但从来不会浪费时间去懊悔，而是采取行动弥补自己的缺陷，从而使自己的损失达到最少，必要的时候甚至是直接放弃。

事实上，我们经常会听到这样的抱怨："要是……就好了！"话语之间充满了内疚和悔恨的情绪，而这种感叹也是我们每个人都会发出的。

一位著名的老人曾造访某监狱，让他感到惊讶的是，监狱里的囚犯看起来竟然很快乐。典狱长告诉老人：进入监狱的犯人都已经认命，他们知道挣扎也无济于事，于是都尽可能快乐地生活。甚至有一位花匠囚犯还在监狱里种起了蔬菜、花草。

我们都曾经失去过某种重要东西，并且在心中一直不能遗忘。因为我们没有勇气面对现实，所以生活在过去的世界里。诚然，失去是痛苦的，可是有舍才有得。失去有时也是一种拥有。失去太阳，我们还会拥有月亮；失去绿色，我们会拥有成熟的秋天。有时候，你的失去不仅成就了自己，也成就了别人。

痛苦、悲伤并不能改变既定的情势，也不能删减其中任何一段情节。当然，眼泪也于事无补，它无法使你创造奇迹。那么，让我们停止流无用的眼泪吧！既然谁也无力使时光倒转，不如抬头往前看。

很多事情做或者不做都会让人后悔；很多人遇到或者错过也都会让人后悔；许多话说与不说也都让人后悔……人总是在失去以后才想再回头，可惜时光无法倒流，我们无法回到过去，重新来过。不要生活在逝去的光阴里，要让未来的光阴开满鲜花。

放下才会懂得享受生活，才会发现天是蓝的，草是绿的，才会让我们失聪的耳朵重新听到小鸟的歌唱，只有学会放弃，才能收获人生的那份豁达与乐观。

悔恨与其说是对过去发生事情的关注，不如说是一种对过去的依赖。学会从过去的事情中吸取教训，并用其来指导现在和未来是一种人生的智慧。人不可以永远生活在过去，不要让悔恨来影响自己的现在和未来，不要用过去来消耗自己的现在。过去的脚印是不会印在未来的路上，只是悔恨而不思考未来的人生也是没有希望的。

精进自律细节
成功三境

人生境界

宋犀堃 编著

成都地图出版社

图书在版编目(CIP)数据

人生境界 / 宋犀堃编著. -- 成都 : 成都地图出版社有限公司, 2019.12(2021.2 重印)
ISBN 978-7-5557-1342-5

Ⅰ. ①人… Ⅱ. ①宋… Ⅲ. ①成功心理－通俗读物 Ⅳ. ①B848.4-49

中国版本图书馆 CIP 数据核字(2020)第 004280 号

人生境界
RENSHENG JINGJIE

编　　著：宋犀堃
责任编辑：魏玲玲
封面设计：松　雪
出版发行：成都地图出版社有限公司
地　　址：成都市龙泉驿区建设路 2 号
邮政编码：610100
电　　话：028-84884648　028-84884826(营销部)
传　　真：028-84884820
印　　刷：三河市众誉天成印务有限公司
开　　本：880mm×1270mm　1/32
印　　张：15
字　　数：360 千字
版　　次：2019 年 12 月第 1 版
印　　次：2021 年 2 月第 2 次印刷
定　　价：108.00 元(全三册)
书　　号：ISBN 978-7-5557-1342-5

每个人都希望自己是个成功者，没有人喜欢终日唯唯诺诺，看人脸色；没有人喜欢成为一个可有可无的二流角色，平平庸庸度过一生。可以说，每个人来到世界上都是为了获得成功，为了获得不断的成长，不断向高处前进。

在通向成功的道路上，一般有三种境界：自律、精进和细节。

自律是一种自我控制的能力，你越能自我控制，就离持续的成功不远了。成功固然有很多因素，但持续的成功一定有自律这条素质，就像萧伯纳说过的那样："自我控制，是最强者的本能。"本杰明·富兰克林说："我从未见过一个早起勤奋谨慎诚实的人抱怨命运不好，良好的品格、优秀的习惯，坚强的意志，是不会被假设所谓的命运击败的。"你有多自律，就能走多远，掌控好自己，才能掌控好命运。

精进是让你在你所有的技能中找到一个，去专注、打磨、研究做好，形成你的一个别人无法替代的能力。我们每个人都希望自己优秀、卓越，成为一个很厉害的人。这种成长的过程是艰辛的，说一个人厉害，其实也就是说这个人付出了更多的代价而已。精进的路是一条很苦的路，也是成为一个厉害的人必须要走的路。没有投机取巧的可能，也没有安逸悠闲的方法，你必须让自己时刻精进，每天都要进步一点点。

老子说过："天下大事，必做于细。"对细节是否重视，是否做到位，往往决定着伟大还是渺小、卓越还是平庸。有些一心想成就一番伟大事业的人，常常对细节不屑一顾，甚至是嗤之以鼻，结果，其人生往往是以平庸而告终。

本书在总结众多成功人士经验的基础上，全面、深入地揭示了自律、精进和细节的内涵与现实意义，旨在帮助人们更有效地应对纷繁复杂、竞争激烈的时代，更顺利地拓展事业和生活空间，更快捷地实现人生目标，更美满地成就辉煌事业和美好人生。

2019 年 10 月

CONTENTS 目录

上 篇 你有多自律，就有多优秀

下　篇　细节：魔鬼藏在细节里

上篇

你有多自律，就有多优秀

PART 01

坚持自律，是为了不平庸到老

因为自律，所以坚强

自律的人拥有坚强的意志，可以创造奇迹。当事情越来越困难时，很多人会撒手离开，选择放弃，只有高度自律、意志坚强的人，才会到达胜利的终点。

一艘轮船在航海中出了事故，一个叫杰克逊的大副带着六个人坐着救生艇在海面上已漂流了两天。这时候，大家都异常干渴，急需补水。只有水手脖子上挂着一个水壶，他对大家说："现在，我们只有这一壶淡水了，它是我们的救命水，只有到了生命的最后时刻，才能喝壶里的水，不到紧要关头谁都不许动它，否则我会毙了他！"说着，他从腰里掏出一把手枪。

救生艇继续在海面上漂荡着等待救援。

第三天早上，太阳一出来就火辣辣的，中午的时候，大家都酷热难耐。爱丽斯夫人忽然晕倒了，大家摇晃并呼唤她，这时，爱丽斯干裂的嘴唇发出微弱的声

◇ 自律的人往往勇于超越自我 ◇

人要永远追求卓越，勇于跳出舒适圈，不能轻易满足于现状。把自己的追求局限在一个狭小的范围内，就容易故步自封、不知进取。不满足是推动人不断树立更高远目标的动力，所以人不能太容易知足。

音："水……水……"

杰克逊搂着爱丽斯的脖颈，靠近她的耳旁，轻声说："夫人，现在还不是紧要关头，你还不能动这壶救命水，我相信你现在还能坚持得住。"

一旁的道格拉斯大喊道："什么？这还没到时候？爱丽斯夫人眼看就要渴死了呀！"说着，道格拉斯就来抢水壶。

杰克逊快速放下爱丽斯，从口袋里拔出手枪，大喊道："别动！你敢过来，我就一枪打死你！"

道格拉斯不得不退后，他"呼呼"地喘着粗气，狠狠地说："我看你是想趁天黑的时候独吞这壶水！你记着，我不会放过你的！"

爱丽斯又昏了过去，她醒过来的第一句话依旧是："水……水……"但这丝毫没有让杰克逊动摇，他握着手枪，护着水壶，也只说一句话："爱丽斯，再坚持会儿，到需要的时候，我会给你水喝的。"

第三个黑夜来临了，还是没有人来救他们。但七个人已经分成了两个阵营，杰克逊抱着神志不清的爱丽斯，警惕着道格拉斯等人扑上来抢夺水壶；道格拉斯和另外四个人则一直虎视眈眈地盯着杰克逊：只要一有机会，他们就会冲过去夺去这个"自私鬼"的水壶。很明显，杰克逊已经成为他们的公敌。道格拉斯说："大副先生，我会守着你一夜的，只要你敢动一口水，我就弄死你。"说完，他就在杰克逊的跟前坐下，紧盯着杰克逊，杰克逊把水壶护得更紧，枪口直顶着道格拉斯。道格拉斯和杰克逊整个晚上都在剑拔弩张地对峙着。

第四天来临了，海面风平浪静，但太阳越发火辣。爱丽斯已发不出声音，可杰克逊仍然不为所动。中午时分，又有两个人昏倒过去。他们清醒过来的第一句话，就是祈求杰克逊给点儿水喝。可冷酷的杰克逊还是那句话："这还不是紧要关头，你们还能坚持住。"下午的时候，克劳林再也忍不住内心的饥渴，捧起海水就喝，杰克逊大叫："不能喝!"他起身想阻拦克劳林，道格拉斯见状扑了过来，想夺水壶。杰克逊马上回转身，用枪顶住道格拉斯的额头，凶狠地瞪着道格拉斯说："想找死吗?"道格拉斯不得已只能后退。这时，克劳林已喝下好几捧海水，杰克逊伤心而又无奈地说："克劳林，你会送命的。"

第五个夜晚来临了。大家浑身瘫软得像一团棉花，道格拉斯和杰克逊依然对峙着。半夜的时候，道格拉斯败下阵来，他抵不住疲惫，叫醒一个同伴，继续监视杰克逊，自己倒头睡去。

当第六个清晨来临时，他们看到，克劳林已经死了。救生艇上弥漫着悲哀和无助的气息。可是，由于体内缺水，他们已经没有了眼泪。

道格拉斯指责杰克逊："克劳林都渴死了，这还不到紧要关头吗?是你害死了克劳林!"杰克逊反驳道："是克劳林自己害死了自己，他原本可以像爱丽斯夫人一样挺过来的，可他喝了海水……请相信我，我们都没到最需要的时刻，我们还可以坚持。"道格拉斯无奈地骂了一句：“杂种!”又挪近了身子，死死盯着杰克逊。

中午的时候，所有的人都晕倒了，他们就如同被抛上岸即将晒干的小鱼。只有道格拉斯还能发出“水……水……”的声音，不过他和同伴们一样，已没了动弹的力量。杰克逊呢，早已斜躺在船上，手枪掉在一旁，水壶被紧紧抱在怀里，但他已没力气打开水壶，喝那壶“救命水”了……

就在夜幕降临时，远处忽然传来了汽笛声。接着，两道刺目的光芒扫射到救生艇上，救援的海轮终于看到了他们。大家的体内仿佛突然被注入了一股力量，他们终于发出轻弱的声音“救命……”杰克逊发出一声“上帝啊!”就头一歪昏了过去。

道格拉斯哆嗦着爬到杰克逊跟前，夺过那只水壶，他想喝个痛快。但他发现水壶太轻，仿佛并没有水。道格拉斯摇晃着水壶，依旧一点动静也没有。他打开水壶盖儿，将水壶口朝下，还是没有一滴水流出来……

救生艇上的六个人得救了。杰克逊醒来时，大家已经被安顿在医院里，道格拉斯正看着他。杰克逊朝道格拉斯点点头，道格拉斯对他友好地一笑，说：“大副先生，你守着的那个水壶里其实没有一滴水!”

杰克逊笑着说：“其实我一直都知道，只是我要给你们一个希望。有了这个希望，你们就会不断地对自己说：‘我总会喝到那壶水，我能扛住。’你们一直没有喝到水，可你们的心灵却已被水滋润了。假如你们知道水壶里没有水，就没了希望，你们会被失望打败，生命就会在心灵死亡后消失。”

停了一下，杰克逊又说：“但是，道格拉斯先生，你是否知道，那把手枪是永远也射不出子弹的，其实那是我给儿子买的玩具。”

自律的人有能力去做任何事

有一位作家说："世上有三类人，分别是自律者、懒惰者和无能者。第一种人有能力成功地去做任何事情；而第二种人则讨厌做任何事情；至于第三种人，他们任何事情都没办法做成。"

福斯特说："幸福大陆的海滩上四处都布满了航船的残骸，其中的很多船都是由那些具有超凡能力的人所驾驭的。对于那些人来说，他们缺少的是勇气、执着和自律，所以他们没有成功。他们的结局不如那些能力较差的自律者，那些人由于充满了坚定的信念而取得了最后的成功。对于那些起初满怀梦想，最后却铩羽而归的人们，假如探究他们失败最主要的原因，答案就是他们缺乏上进心与意志力。"缺乏上进心与意志力的人，好比一艘没有动力的轮船，没有办法前进。

"意志力"往往被人们比作人格的脊梁。一位英国作家说："意志力与人生的关系，或者可以比作船舵或汽轮机与船的关系，船能够平稳地航行，全部是依靠船舵的掌控以及汽轮机那强大的推动力。”

在工厂里，已经生产出来的航海罗盘在没有被磁化以前，不管放在哪里，其指针指的方向也互不相同。可是，一旦被磁化，好像有一种神秘的力量在支配它，它成了一种新的东西。没有被“磁化”前，地球的磁极对它们没有一点影响，它们也不可能指向北极。可是，一旦被“磁化”，指针马上就会转向北极，而且一动不动。

多数人就像“没有被磁化的指针”一样，安于原处不动而没有方向感，他们在“神秘力量”——进取心被激发之前，对任何刺激都没有反应。

几乎没有人去深入思考“上进心”到底是什么，进取心是怎么来的以及它有多重要。实际上，“上进心”“进取心”是鼓励我们前进的一种最有趣而又最神秘的力量。这种“向上的力量”是每一种生物的本质，它推动着我们去完善自我，去追求完美的人生。可是，这种向上的理想，也有可能会消失。一旦染上了“懒惰”的毛病，就会让我们止步不前。

正是上进心——这种永不停息的自我推动力，鼓励着人们向自己的目标前进。假如我们能够受这种伟大的推动力的引导和驱使，我们就会成长、开花、结果。可是，假如我们无视这种力量的存在，又或者我们仅仅是偶尔才服从这种力量的指导，那么，我们也不要奢望名垂青史。

只有有了这种内在的推动力，我们才有了不断前进的力量，这种力量鼓励我们为了更美好的明天而努力。也许，我们目前所到达的高度已令人羡慕，但“上进心”和“进取心”

使我们不满足、不停步，它将一直鼓励我们前进，去创造今天更好的明天。

“进取心”和“意志力”会让我们的人生变得更加收获满满。一旦养成不断自我激励、一直向着更高目标和更好梦想前进的习惯，我们身上一些不良品质和坏毛病都会渐渐消失，因为它们成长的温床已经被剥夺。在一个人的个性品质中，只有“被鼓励”“被培育”的品质才会成长，而排除不良品性的最佳方式就是排除它们赖以生存的土壤。

扭转堕落倾向的最佳方法就是我们对“更高更好目标”的渴望。

我们心中就算是最微弱的上进心也会像一粒天堂里的种子，只要经过培养和扶植，它就会茁壮成长，开花结果。只是，假如在我们身体和精神的土壤里，没有受到精心的照料和滋养，求上进、求成长的种子就不能长大，而野草、荆棘和有毒的东西就会繁殖蔓延。

很多人都觉得“进取心”是与生俱来的，不能通过后天的努力加以培养，也不会受到各种环境因素的影响。实际上，无论是多伟大、多坚定的雄心壮志，也会因为各种原因受到严重的伤害。如，拖延、避重就轻的毛病就会严重地削弱一个人的志向。同样，影响志向的东西，也会影响一个人的理想。

人们时常会感到“进取心”和“意志力”在叩响自己心灵的大门，可是，如果我们忽视了它，不给予它鼓励，它就会慢慢远离我们。就像我们身边其他未被利用的功能和品质一样，“雄心”也会消失，甚至没来得及发挥任何作用就消失得无影无踪。假如你发现自己在拒绝这种来自内心的呼唤，你就要小心了。假如你真的是这样，那么，这种声音就会逐渐微弱，直至消失，到那时，你的上进心也就衰竭了。当这个发自内心、督促你上进的声音回响在你耳边时，一定要注意倾听它，它是你最好的朋友，会引领你敲响成功的大门。

目光远大，能看多远就能走多远

假如我们对某件东西或某件事情极其渴望，我们就必须把它作为自己坚定的目标。

为了体会目标的动力作用，就让我们来看看一场生死攸关的篮球冠军争夺赛中的一个情景。两支球队在做赛前热身后，为投入比赛做好了准备。随后他们返回到更衣室，教练给他们面授最后机宜，下达最后的指示。他告诫队员："伙计们！这场战斗决定了我们的命运，我们要么名留青史，要么默默无闻，结果就取决于今晚！没有人会记得婚礼上最优秀的男人，也没有人会记住谁是第二名！整个赛季的成败都在此刻！"

队员们情绪高涨，一个个像被充了气的皮球。当他们冲出门跑向球场时，门险些被他们从门框上扯了下来。可当他们来到球场上时却呆住了，一个个大惑不解，非常沮丧和愤怒，原来他们看到球门不见了。他们生气地大叫没有球门他们怎么比赛。因为没有球门，他们就没法知道比分，就无法看清楚他们的球是否命中，不能估算他们和对手的得分谁高谁低。总而言之，没有投球的目标，他们就没法进行比赛。球门对于球类比赛异常重要，那你是否也在打一场没有球门的比赛？假如是这样，你的成绩是多少？

一位美国的心理学家看到，在老年疗养院，有一种非常有趣的现象：每当节假日或一些特别的日子，像结婚周年纪念日、某人生日等到来的时候，死亡率会戏剧性地下降。他们中有许多人为自己设定下一个愿望：要再多过一个圣诞节、一个纪念日、一个国庆日等等。等这些日子一过，心中的目标一旦实现，活下去的意志就不再那么强烈了：死亡率便马上升高。实际上，每个人都明白在生活中树立目标的重要性，可是，或是受别人影响，或是出于对生活的冷漠，多数人都没有自己的想法，漫无目标地虚度一生。

莱莉宠爱她的马——艾丽斯，可如今，她生气、伤心、失望、沮丧、疲倦、丧气、心碎。她一连花了几周的时间来清洗、打扮、训练这匹马，就为了这次大型展示活动。这天，她凌晨3点就起床，给艾丽斯精心装扮，从头到脚给它修饰了一番，没有放过任何一处细节。艾丽斯的鬃毛被编成了漂亮的辫子；它的尾巴被修饰得像件艺术品；它的皮毛像擦亮的金属一样闪闪发光；它的蹄子在太阳照耀下光彩夺目；还有马笼头、缰绳、马鞍，都被清洗干净。莱莉的装扮也精美得无可挑剔，她像个娇小惹人爱的洋娃娃一样迈进大会的赛场。接下来发生的事是：艾丽斯在该跳的时候不知道跳。实际上，它甚至连蹦都不蹦一下。莱莉的马对三次命令无动于衷，便被取消了资格。这对莱莉来说，意味着她先前所做的几百个小时的辛苦工作都付诸东流，赢得绶带的愿望也化为乌有，一切都结束了。

莱莉·金克拉，这位体重超过100磅的16岁的小姑娘，决定挽起她的袖子，再次去赢得她想得到的东西——一匹可以夺冠的马。她给艾丽斯定了一个价码，并登出了出让马匹的报纸广告。她坚持她的价码不降，经过一番“马匹交易”，她最终美梦成真。她把这笔钱存入储蓄所，开始寻找另一匹梦想中的马。她参观当地的马房，参观当地的展览，阅读每一份能得到的有关马的印刷品，最终她得到一匹漂亮可有点“嫩”的马，它是一匹在出生后就被阉割了的只有两岁的小马。莱莉和巴特·拉姆第一次相遇，便互相喜欢上了对方——可还有件小事情，买巴特·拉姆所需要的钱，要远远高于莱莉转让艾丽斯所得的钱。可莱莉坚持不要爸爸和妈妈的资助。这种情形只是会使莱莉前进的脚步变慢，可绝不会阻挡她向前迈进。因为莱莉是这样一个女孩：她觉得假如你想要什么东西就必须去做。她还坚信实现目标的基本原则是：你能看多远，你就走多远，当你到达了你力所能及的地方，你会发现你还能看得更远。为了买下巴特·拉姆，她向银行借了一笔钱，用转让艾丽斯得来的钱当作佣金，随后列出一个凑齐那笔钱的计划安排。她找到了一份工作，用工作的薪水还清了债。她还找来行家帮助她训练巴特·拉姆，一切费用自己支付。莱莉和巴特·拉姆经过长期的艰难训练，然后他们开始赢得绶带。莱莉房间的墙壁上挂满了各种颜色的绶带，她取得了比她为巴特·拉姆付出的多4倍的东西。

当我们满怀信心去追逐梦想时，会有很多事情发生，只要我们坚信自己会成功，这些事情就会成为驱使我们突破人生难关的有利因素。

坚忍自律，方能成就不凡业绩

今天，当人们谈起美洲的时候，总忘不了第一个发现美洲的人——哥伦布。哥伦布从小就向往着海上航行。1492 年，哥伦布开始了人类历史上第一次横渡大西洋的壮举。谁也不知道在茫茫无际的大西洋上，等待着这批由囚犯组成的船队究竟是什么样的命运，有太多未知的因素使他们不可能对未来做出预测。

海上的航行生活十分单调而乏味。就这样，在海上漂泊了一天又一天，水手们开始沉不住气了，吵着要求返航。哥伦布是一个意志坚定的人，他绝不会让他苦心组建的船队半途而废，留下终生遗憾。他坚持继续向西航行，有时候，他甚至不得不拔出宝剑，强令水手们向前、再向前。在茫茫的大海上苦熬了两个月之后，哥伦布终于到达美洲巴哈马群岛的华特林岛。

哥伦布的故事说明：事业成功的根源在于坚持不断地工

作，以全副精力去做，不畏艰苦。只要专注于某一项事业，就一定会做出使自己感到吃惊的成绩来。

人在身处逆境时，适应环境的能力非常惊人。人可以忍受不幸，也可以战胜不幸，因为每个人都有着惊人的潜力，只要立志发挥它，就一定能渡过难关。

小说家达克顿曾认为除双目失明外，他可以忍受生活上的任何打击。但当他真的双目失明后，却说："原来失明也可以忍受。人能忍受一切不幸，即使所有感官都丧失知觉，我也能在心灵中继续活着。"

只要有一线希望，就应坚忍不拔地去奋斗。

1911年，英国帆船"天堂"号在太平洋航行时，被一场猛烈的风暴吞没。当时，年仅14岁的见习水兵杰林·皮斯在海上漂流数天后，来到太平洋南部一座荒无人烟的小岛上。从此，他就在这荒岛上过着漫长的独居生活。直到1985年，一艘船才偶然发现了他。那时，皮斯已经是一位88岁的老翁了。

如果没有强烈的求生欲望和坚忍的意志，很难想象他能活下来。人的一生会经历数不清的打击和困苦。怎样镇定自若地应付各种突发事件？怎样才能逢凶化吉？坚忍顽强就是护身的法宝。

许多职场中人在职业生涯遇到挫折时很轻易地放弃了，

面对挫折的畏惧和厌倦使他们放弃了希望，那么等着他的只有失望。

别人都已放弃，自己还在坚持；别人都已退却，自己仍然向前；看不见光明、希望，自己却仍然坚忍地奋斗着，这才是成功者的素质。

坚忍的人从不会停下来怀疑自己能否成功，他唯一在考虑的是如何前进、如何走得更远、如何接近目标。无论途中有高山、激流还是沼泽，他都会毫不犹豫地去攀登、去穿越，直指自己的最终目标。无论遇到多大的困难和危险，都坚持自己的信念，坚信成功一定可以实现。

身在职场，更需要有坚忍不拔的精神。唯有这样，你才能战胜工作中的困难和危机，把握住机遇，成就不凡的业绩，并树立起良好的职场声誉，使你在职场中更抢手。

PART

02

自律的人生，从管理时间开始

守时：每个人都应具备时间意识

守时问题是我们最常遇到的问题，它也在侧面考验着一个人是否自律、诚信。生活中，朋友间的约会是常事，在相约前都会事先确定好时间和地点，可是到时间后，总会有人迟到甚至临时有事不去了。“起床晚了”“路上堵车”“自行车坏了”……不守时的人总是有着千万条理由。

互相有约定的人大都是交情不错的朋友，如果一个人对待自己的朋友尚且如此，那么他的时间观念、诚信观念确实存在着很大的问题。生活中类似的问题还有很多，虽然看上去短时间内不会影响彼此间的关系，但是时间长了，经常不守时的人就等同于反复彻底地践踏自己的诚信，等到意识到问题的严重性时恐怕就已经“为时晚矣”。

路易十四说过：“守时是最大的礼貌。”时间本身对于每个人都是公正的，时间不会因为你的权贵、贫贱、美丑而“缺斤少两”，只是守时的人将时间看得重，所以他们会觉得时间在善待自己，而总是缺席或者迟到的人，因为对时间不重视，

◇ 每个人都应该具备时间意识 ◇

是否遵守时间侧面考验着一个人的责任心与诚信意识。守时是一种承诺，体现了你对他人的尊重。尊重他人的时间，才会反过来赢得他人的尊重。培养自己的时间观念，养成管理时间的好习惯，是每个人都应该具备的一种意识。

他们总是感觉时间从身边悄悄溜走了。

守时是一种承诺，是你对别人的尊重。时间是最不值钱也是最值钱的东西，因为每个人都会有充裕的时间，但是过去的时间是永远追不回来的，所以在与他人共度的时间内一定要懂得尊重别人的时间，这样你也会得到尊重。守时的人不仅会最大限度地利用自己的时间，还能让守时的好习惯成为成功的跳板。

不久前，王总的一个朋友向他推荐了一家印刷厂，印刷厂的厂长在得知王总的公司在印刷方面的业务很多时，特别想要争取到王总公司的业务，于是他跟王总约定好时间进行详细的面谈。

这一天，厂长带着他们厂精美的印刷样本、详细的价目表来到了王总的公司。厂长到会议室时，王总已经早早地坐在那里，厂长并没有意识到他已经足足迟到了20分钟，而王总却已经在心里确定了，无论价格上有多大的优势，也不能将自己公司的业务交给这样不守时的人。

并不是王总为人苛刻，王总公司的印刷品对公司的发展十分关键。王总公司的产品印刷件要求每星期三送到，星期四装订，星期五发送到下星期出席的座谈会地点，而这样的程序如果迟了一天就会跟迟到一年一样糟糕。

即便这样的时间安排，王总的公司也需要同时有十多位工人一起工作才能在既定的一天将销售信、订货单叠好塞进信封，而如果这些印刷品没能及时送到公司，那么公司后面的业务将无法展开。

所以，因为印刷厂的厂长在双方的第一次面谈时就不能准时到达，王总据此推断这位厂长一定不能将工作干净利索地做好。

在初次与人打交道时，判断一个人最直接的方式之一就是看这个人是否守时，特别是一些商务方面的会晤，如果你不守时，别人会对你做出负面的评价，而守时的人不需要自我介绍也会在别人心中提升一定的信任度。

守时的人生活大都不懒散，因为有着守时的好习惯，他们对他人守信，也能获得他人的尊敬。守时是一种社交礼貌，任何理由的迟到或临时推脱都是失礼的行为。守时也是一种文明的体现，越是先进的国家，越是注重守时的观念。在分秒必争的今天，守时已经成为攸关成败安危的关键。

所以，培养自己的时间观念，养成管理时间的好习惯，这是一种能力，也是每个人都应该具备的一种意识。

时间无价，珍惜生命中的每一分钟

浪费时间的行为对一个人具备毁灭性的力量，因为人生中大量的机遇都蕴含在点滴的时间中，而浪费时间就意味着错过机遇，埋没希望。一个人宝贵的财富就是发现时间的价值，让珍惜时间成为自己生命中不容易改变的习惯。如果一个人不懂得争分夺秒、惜时如金，那么他可能也不太容易懂得珍惜他生命中出现的其他可贵或珍贵的东西。

“光阴一去不复返”，每个人都应该意识到时间的宝贵，明智的人不会浪费时间，点点滴滴的时间在他们眼中都是浪费不得的珍贵财富，所以当你伸懒腰时，当你出神遐想时，赶紧给自己当头一棒，告诉自己，时间是无价的，绝不能胡乱地浪费掉。

每一个成功者都懂得珍惜生命中的每一分钟。懂得珍惜时间的人面对不同的人和事时，会在头脑中有一个清晰的分析，他们知道自己正在做的事情是否有价值，如果认为正在做的事情毫无必要，他们会及时收场，并投入到下一个他们认为必要做的事情上。而且他们也绝对不会去浪费别人的时间，不会在别人忙碌时与其天南海北地畅聊，因为这样的行为是在妨碍别人，是在浪费别人的生命。

有着“华尔街的拿破仑”之称的美国金融巨头摩根曾两度使美国经济起死回生。他在与人接洽生意时总是能以最少时间产生最大的效率。

摩根十分珍惜时间，但他的行为也招致了很多的怨恨。摩根每天会准时在上午9点30分进入办公室，下午5点准时回家。有人在对摩根的资产进行评估后，估算出他每分钟的收入是20美元，但是摩根却认为自己每分钟的价值远不止这些。摩根除了与自己在生意上有特别关系的人商谈外，与其他人谈话的时间绝对会控制在5分钟以内。

摩根的办公室并不是单独的，他与许多员工一起工作，这样他会随时指挥他手下的员工，按照他的计划去行事。只要走进那间大大的办公室，你会很容易看到他，但是如果没有很重要的事情，你也绝对是不被欢迎的。

因为摩根珍惜时间的好习惯，他也培养出自己很强的判断力。当你转弯抹角向他表达你的意图时，摩根或许早就判断出你的真实意图，他对耗费他人时间的人非常反感。

摩根珍惜时间的习惯让他能拥有金融巨头的称号，而很多人虽然都能意识到时间的重要性，但他们浪费时间的行为却无时无刻不在发生着。无论是谁，如果不趁年富力强的黄金时代去培养自己珍惜时间的好习惯，那么以后可能也不会有什么大的成就。

当你充满干劲地去做一些事情时，一定要注意把握时间的效率，这种习惯一定会给你带来丰硕的成果。一个人如果将宝贵的时间无谓地分散到许多并不重要的事情上，这个人就很难取得一定的成就。所以不要再浪费自己的时间了，时间无价，珍惜生命中的每一分钟吧！

统筹兼顾，合理安排工作时间

我们一天的工作时间是有限的，但每天要完成的工作又很多，这就要求我们必须学会善待时间，学会抓住时间，充分利用时间，合理地安排工作日程。

一天，李经理准备到办公室着手草拟下一年度的部门工作计划。

他9点整走进办公室，突然想到不如先将办公室整理一下，以便在进行重要的工作之前为自己提供一个既干净又舒适的环境。他总共花了30分钟的时间，很快他的办公环境就变得干干净净，于是他面露得意之色，随手点了一支香烟，稍做休息。此时，他无意中发现一本杂志上的彩色图片十分吸引人，便情不自禁地拿起来翻阅。

等他把杂志放回架上，已经10点钟了。这时他虽略感时间流逝带来的不自在，不过转念一想，懂得欣赏也是一种生活的调节。接着，他静下心来准备埋头工作。

就在这个时候，他的手机响了，是他女朋友来的电话。于是他又和她在电话里聊了一阵，他感到精神不错，满以为可以开始致力于工作了。可是，一看表，已经10点45分了，距离11点的午餐只剩下15分钟。他想：反正这么短的时间内也办不了什么事，不如干脆把计划内的工作留到下午算了。

善待时间就是善待生命，我们应从善待时间开始，踏踏实实地做好每一件事。

从某种意义上说，工作效率就体现在人们所谓的零碎的时间中。能够掌握和充分利用好自己时间的人，就更能有所成就。

时间是由那些最小的单位构成的，一秒一秒的时间就是你生命的碎片，需要你不断地收集，最后才能形成一个整体生命。如果不注意收集时间的碎片，那么，你的生命很可能在荒废中度过。

我们每天的生活和工作中都有很多零碎的时间，如果有人约你一起吃饭而迟到，于是你只能等待，或者你到修车厂去而车子无法按约定时间交付，或在银行排队而向前移动的速度慢时，千万不要把这些短暂的时间白白耗掉，你完全可以利用这些时间来做一些事情。

但凡效率高的人，大都能做到合理地利用时间，让时间的浪费降低到最低限度。《有效的管理者》一书的作者杜拉克说："认识你的时间，是每个人只要肯做就能做到的，这是每一个人能够走向成功的有效的必由之路。"据有关专家的研究和许多领导者的实践经验，人们可以从以下几个方面驾驭时间，提高工作效率：

1. 善于集中时间

千万不要平均分配时间，应该把你有限的时间集中到处理最重要的事情上，不可以每一样工作都去做，要机智而勇敢地拒绝不必要的事和次要的事。

当一件事情需要处理时，先问自己："这件事情值不值得去做？"千万不能碰到什么事都做，更不可以因为反正我没闲着，没有偷懒，就心安理得。

2. 善于把握时机

每一个机会都是引起事情转折的关键时刻，有效地抓住时机可以牵一发而动全局，用最小的代价取得最大的成功，促使事物的转变，推动事情向前发展。

如果没有抓住时机，常常会使已经快到手的结果付诸东流，导致"一招不慎，全局皆输"的严重后果。因此，取得成功的人必须要审时度势，捕捉时机，把握"关节"，做到恰到"火候"，赢得机会。

3. 善于协调两种时间

对于一个取得成功的人来说，存在着两种时间：一种是可以由自己控制的时间，我们叫作"自由时间"；另外一种是属于对他人他事的反应时间，不由自己支配，叫作"应对时间"。

这两种时间都是客观存在的，都是必要的。没有“自由时间”，完完全全处于被动、应付状态，不会自己支配时间，就不是一名成功的时间管理者。

可是，要想绝对控制自己的时间在客观上也是不可能的。所以，这就要求我们善于协调两种时间。

4. 善于利用零散时间

时间不可能集中，常常出现许多零碎的时间。要珍惜并且充分利用大大小小的零散时间，把零散时间用来去做零碎的工作，从而最大限度地提高工作效率。

5. 善于运用会议时间

召开会议是为了沟通信息、讨论问题、安排工作、协调意见、做出决定。很好地运用会议的时间，就能提高工作效率，节约大家的时间；相反，会议过多、过长，则会降低工作效率，浪费大家的时间。

时间对每一个人都是均等的，关键看你怎么用。会用的，时间就会为你服务；不会用的，你就为时间服务。

每个年轻人都应养成好习惯，把空闲时间集中起来，做些有意义又有意思的事情。如果你在空闲时间内学习、研究，那么这个习惯将改变你自己，改变你的人生。

速度决定成就，效率决定业绩

身在职场，你要保证你做的工作既有速度又有质量，这样你的速度才可以决定你的成就。在这种情况下，也可以说，你的工作速度有多快，你的成就就有多大。

在职场中，只有立即动手的人才能够抓住转瞬即逝的机会，也只有立即动手的人才能够很快地将自己的想法付诸行动。

有这样一个关于速度的故事：

在改革开放初期，海南有一家很有名的企业，那就是海口饮料厂。它之所以有名是因为它本来是一个濒临破产的企业，最后却成为海南当地的明星企业。

王光兴就任海口饮料厂厂长之后，这个企业面临这样一个状况：产品滞销，资金冻结，生产基本停顿。面对这样的状况，他给厂内的产品质检和研发部以及市场部的员工们下了一个命令：在15天之内改进主产品的原料结构，使之更加符合当代人的口味，并做出全国的市场分析详细报告。

15天！这并不是一个简单的任务。面对这样的任务，员工们有两个选择：第一个是放弃，救活这个企业是一个无法完成的任务，算了吧，肯定会失败的；而第二个则是立即动手，分析原因，研究配方，调查市场，开始计划，并将这一切落到实处变成现实。很显然，海口饮料厂的员工们选择的是后者。

靠着这种卷起袖子干活的精神，他们在15天之内做到了王光兴所要求的一切。也正是靠着这样的精神，这个企业在不到三年的时间内，由一个积压了800多吨产品的企业变成了一个年赢利108万元的当地明星企业，企业资产比他们开始行动起来做调查、研究之时增加了四倍。

后来员工们回忆说，如果当时他们的犹豫真的超过了行动起来的决心，那么他们的企业永远不可能拥有后来的成功。

面对困境和艰难的任务，如果不立刻卷起袖子干活，那么困难将会渐渐磨灭人的决心和意志，最后的结果就会是人的惰性最终获胜，从而使得任何完美的计划功亏一篑。一个人在工作中能不能做出成绩，就看他能不能很积极地对待自己的工作。因此，当你肯定了你的工作计划，就必须尽快为之付出行动，只有这样，你的付出才会有回报。别忘了，公司的工作要的是速度和效率，如果二者都做不到，那么你就不是一个合格的员工。

PART 03

自律专注，人生要经得起诱惑

拒绝诱惑就是守候成功

晋朝有个名士叫夏统，会稽人，是位超凡脱俗的隐士。他多才善辩，很有名气。当时，许多人劝他出来做官，都被他拒绝了。

一次，他到了京城洛阳，太尉贾充听说了，便想利用他的才学和名望来扩充自己的势力，于是就劝他到自己身边来任职，被他婉言谢绝。贾充不甘心，他调来整齐的军队，装饰上华丽的车马，吹着响亮的号角，从夏统面前走过。贾充对夏统说："如果你同意到我身边来做官，就可以指挥这些军队，乘坐这样华美的车子，那该有多威风啊！"夏统对眼前豪华显赫的场面就像没有看见似的，根本不动心。

贾充仍不死心，又招来一些美女，在夏统面前轻歌曼舞。贾充心想，这下你总该动心了吧？不料，夏统漠然如初，毫不动摇。贾充见全然打动不了夏统的心，不解地说："天下竟有这样的人！真像木头做的人、石头做的心啊！”

诱惑，是一个会让人心动的词语。每个人的心中都曾经希望自己的人生可以轰轰烈烈，殊不知，这轰轰烈烈中便包含了无数次诱惑的考验。诱惑是从来都有的，差别在于面对诱惑，每个人所做出的不同反应。有的人经不住诱惑，让自己沉醉于诱惑之中，一步步地沦陷；有的人洁身自好，他们不同流合污，始终保持自己的纯洁，如莲花般“出淤泥而不染”。

孟子在很早以前便已经帮我们定下了面对诱惑时的行为准则：富贵不能淫，贫贱不能移，威武不能屈。李敖说，这还不够，还应该再加上一句，“时髦不能动”。有些人就是经不住时髦的诱惑，总想要去“尝尝鲜”“开开眼”，以至于嘴巴变馋了，眼睛变色了。

我们身处的社会虽然不是物欲横流，但也有太多的诱惑，要想保持自己高贵的人格，便需要以一颗自律的心去抵御诱惑。只有这样，才能不被别人牵着鼻子走，才能走出自己想要的人生。

心理学家们曾经做过这样一个实验，让一群儿童分别独自走进一间屋子，在屋子最显眼的位置放了一块糖。心理学家对每一个将要走进去的孩子说：“如果你能坚持到我来叫你出去的时候，还没有把这块糖吃掉，我将再奖励你一块糖。如果你等不到我来就把糖吃掉，那么你只能得到这一块。”实验开始，所有的儿童依次进入大厅。结果发现，有些儿童不能控制自己，受不了糖的诱惑，因为大人不在，就把糖吃掉了。还有一些儿童牢记心理学家的话，尽量控制自己，为了不受糖的诱惑，转移注意力，一直等到老师来，结果得到两块糖。

后来，心理学家将得到两块糖的儿童和得到一块糖的儿童分为两组，对他们进行了长期的跟踪调查。调查结果发现，在他们以后的人生道路上，得到两块糖的孩子社会适应能力较佳，人际关系较好，在面对挫折和困难时，从不轻言放弃，他们要比得到一块糖的孩子成功。

其实，人的欲望自出生后就没有停止过。小的时候，渴望得到的是一块糖、一本画册、一个玩具……随着我们一天天长大，欲望也越来越多，要车子，要房子，要财富，要身份地位……然而，欲望是无底深渊。我们的一生也是与欲望进行搏斗的一生。

每一个正常人，都会有想要得到某些事物的欲望。有欲望并不是错，只是在你的自制力与贪欲博弈的过程中，你需要知道如何正确地将这个欲望变成现实。

其实，欲望也是督促人不断前进的动力。所有的欲望，只有建立在合乎规则的基础上，以正当的手段获得，你才能够一个一个地实现。就像实验中没有偷吃糖的孩子，他难道不想吃吗？不是！他其实也想吃，只是他明白规则的重要性，因为大人说了这块糖现在不能吃。同时，他也具有目标的长远性，他知道只有忍住了这一时，才有可能得到更多的糖。

◇ 人要能抵抗住诱惑 ◇

一个在诱惑面前能经得住考验的人，往往会因此获得他人的尊重与信任，从而为他赢得更多宝贵的机会。许多人会在利益面前违背自己的初衷，所以能坚守信念就显得尤为可贵。

罗伊·史密斯说过：“自制力宛若受到控制的火焰，正是它造就了天才。”14 世纪，有个名叫罗纳德三世的贵族，是祖传封地的正统公爵，他弟弟反对他，把他推翻了。弟弟要摆脱这位公爵，但又不想杀死他，便想了个办法。罗纳德三世被关进牢房后，弟弟命人把牢房的门改得比以前窄一些。罗纳德三世身高体胖，出不了牢门。弟弟许诺，只要罗纳德能减肥并自己走出牢门，就不仅能获得自由，连爵位也能恢复。可惜罗纳德不是那种有自制力的人，他无法抵挡弟弟每天派人送来的美食的诱惑，结果不但没有减肥，反而更胖了。

当面对诱惑时，自制就像一个腰带，勒紧一下，提醒自己，给你增添坚持下去的强大力量。倘若你想征服全世界，你就得先征服你自己，因为征服自己的过程就是拒绝诱惑向成功迈进的过程。

生命驱车向前，每走一步都会遇到各种诱惑。但是在这些诱惑面前，我们要不动声色，不被诱惑迷了眼睛，以免堕落成诱惑的奴隶。

不瞻前顾后，成功要有所专注

在困境之中的人想要改变现状，更需要一心一意的专注精神。如果总是瞻前顾后，那你将会停滞不前。

成就一番事业，实现人生价值，是一切有志者的追求。然而，通向成功的道路往往并不平坦，影响成功的因素复杂多样。现实生活中常常会看到这样的情形：有的人对学业、工作、事业专心致志，不懈努力，不受外界诱惑的干扰，扎扎实实地向着既定目标迈进，最终获得了成功；而有的人却耐不住寂寞，经不起诱惑，好高骛远、见异思迁，对学业、工作、事业缺乏一种执着精神，结果是一事无成。无数事实说明，专注是走向成功的一个重要因素。

有些成功，不需要太强的实力，需要的往往是专注；有些失败，并非缺乏良好的时机，缺乏的往往是坚持。下面这一则寓言故事，也许更能说明这个道理：

从前，有一对仙人夫妻，喜欢下围棋，他们常常到山上下棋。一只猴子，经年累月地躲在树上，看这对仙人下棋，终于练就了高超的棋艺。

不久，这只猴子下山来，到处找人挑战，结果，没有人是它的对手。最后，只要是下棋的人，一看对手是这只猴子，就甘拜下风，不战而逃。

国王终于看不下去了，全国这么多围棋高手竟然连一只猴子也敌不过，实在是太丢脸了。于是国王下诏，一定要找到人来战胜这只猴子。

其实，猴子的棋艺卓绝，举国上下，根本没有人是它的对手。那该怎么办呢？

这时，有一个大臣自告奋勇地说要与猴子下一盘。国王问："你有把握吗？"他说绝对有把握。但是，在比赛的场地桌上一定要放一盘水蜜桃。

比赛开始了，猴子与大臣面对面坐着，在比赛的桌子旁边放着一盘鲜嫩的水蜜桃。整盘棋赛中，猴子的眼睛不时盯着这盘水蜜桃，结果，猴子输了。

所谓"专注"，就是集中精力、全神贯注、专心致志。可以说，人们熟悉这个词就像熟悉自己的名字一样。然而，熟悉并不等于理解。从更深刻的含义上讲，专注乃是一种自律精神。"把每一件事做到最好"，就是这种精神的反映。一个专注的人，往往能够把自己的时间、精力和智慧凝聚到所要干的事情上，从而最大限度地发挥积极性、主动性和创造性，努力实现自己的目标。特别是在遇到诱惑、遭受挫折的时候，他们能够不为所动、勇往直前，直到最后成功。与此相反，一个人如果心浮气躁、朝三暮四，就不可能集中自己的时间、精力和智慧，干什么事情都只能是虎头蛇尾、半途而废。缺乏专注的精神，即使立下凌云壮志，也绝不会有所收获，因为“欲多则心散，心散则志衰，志衰则思不达也”。

专注源于强烈的责任感。只有讲责任、负责任，才能凝聚忠诚和热情，激发干劲和斗志。韩愈说：“业精于勤荒于嬉，行成于思毁于随。”古往今来，那些真正能干事、能干成事者，莫不具有敢担大任的胸怀和勇气。强烈的责任感，是专注的原动力。

专注来自淡泊和宁静。一个人在为工作和事业奋斗的过程中，困难和挫折在所难免，孤独和寂寞也在所难免。面对这些情况时，要能做到不受干扰、专注如一，关键是保持淡泊和宁静。经验表明，对一件事情，专注一时者众，而始终专注者寡。其中的一个重要原因就在于，一般人很难长期耐得住寂寞、经得起考验。任何一个成功者的背后，都有着坚持不懈的执着追求和艰苦劳动。诸葛亮说：“淡泊以明志，宁静而致远。”唯有保持淡泊和宁静，才能坚定信念和追求，做到专注和执着。

一个人生活在社会中，面对纷繁复杂的世界，要想成就一番事业，就必须努力克服各种消极因素的影响。一个人如果总是瞻前顾后、左思右想，就永远不可能取得成功。

拒绝陷阱，贪是失败最大的祸根

金悦禅师有言：“人的一生当中，会遇到很多陷阱，而这些陷阱之中，最为可怕的一种是自掘的陷阱——贪婪。”因为贪心，人们会不顾一切去满足欲望。这时，即使危险摆在面前，也无法去理会、去避让。贪心遮住了你的眼睛，使你无法看到危险所在。

在阿尔及利亚有一种猴子，它们非常喜欢偷吃农民的玉米。尤其是晚上的时候，农民们没有时间照看，玉米常常会被洗劫一空。起初农民们拿它们没办法，后来他们发现猴子都有贪得无厌的习性，于是他们根据这种习性发明了一种捕捉猴子的巧妙方法。

农民们把一只只葫芦形的细颈瓶子固定好，然后把它们拴在一棵大树下，再在瓶子中放入猴子们最爱吃的玉米，然后就等着猴子们上钩了。

到了晚上，猴子们来到树下，见到瓶中的玉米十分高兴，就把爪子伸进瓶子去抓玉米。这瓶子的妙处就在于猴子的爪子刚刚能够伸进去，等它抓到一把玉米时，爪子却怎么也拿不出来了。而这些猴子十分贪婪，绝不可能放下已到手的玉米，就这样，它们的爪子也就一直抽不出来，于是只能死死地守在瓶子旁边了。

到了第二天早晨，农民们抓住它们的时候，它们依然抓着玉米不放，直到它们把玉米送入嘴中。

事实上，并不是我们所拥有的太少，而是欲望太多。欲望使我们感到不满足、不快乐；欲望解除了我们思想的武装，使我们最终任人摆布。

人心中贪念太多，而不能一一得到满足，就会产生烦恼，就会觉得痛苦。人为了摆脱这种感觉就会竭尽全力地再次索取，像是困在海上的水手，船仍在海上，彼岸遥遥而淡水枯竭，无边浩瀚的海洋就像是诱惑无数的花花世界，第一口海水本意为了解渴，哪知命运却也就此断送在了这一口海水中。

有一位法师一辈子做好事、积功德、盖庙宇、讲经说法，他自己虽没有打坐、修行，可是他功德很大。当他年纪大了，就看到两个小鬼来捉他，他们在阎王那里拿了拘票，还带个刑具手铐。这个法师说："我们打个商量好不好？我出家一辈子，只做了功德，没有修持，你给我七天假，七天打坐修成功了，先度你们两个，再度阎王。"那两个小鬼被他说动了，就答应了。这个法师以他平常的德行，一上座就万念放下了，庙宇也不修了，什么也不干了，三天以后，无我相，无人相，无众生相，什么都没有，就是一片光明。这两个小鬼第七天来了，只看见一片光明却找不到他了。完了，上当了！这两个小鬼说：“大和尚你总要慈悲呀！说话要有信用，你说要度我们两个，不然我们回到地狱去要坐牢啊！”法师大定了，没有听见，也不管。两个小鬼就商量，怎么办呢？只见这个光里还有一丝黑影。有办法了！这个和尚还有一点不了道，光里还有一点乌的，那是不了之处。

因为这位和尚功德大，皇帝聘他为国师，送给他一个紫金钵盂和金缕袈裟。这个法师什么都无所谓，但很喜欢这个紫金钵盂，连打坐也端在手上，万缘放下，只有钵盂还拿着。两个小鬼看出来了，他什么都没有了，只这一点贪还在。于是两个小鬼就变成老鼠，去咬这个钵盂，卡啦卡啦一咬，和尚动念了，一动念光明没有了，就现出身来，他俩立刻把手铐给和尚铐上。和尚很奇怪，以为自己没有得道，小鬼就说明经过，和尚听了，把紫金钵盂往地上一摔，说：“好了！我跟你们一起见阎王去吧！”这一下，两个小鬼也开悟了。

法师辛苦修行一生，却被一丝贪念害得前功尽弃，重堕轮回；而摔破一只小小的紫金钵盂，就如同砸碎了纵骨穿身的锁链，使他得到了灵魂的自由。

贪欲是一双贪婪的手，总是紧紧攥着做出攫取的姿势。欲望是无穷的，贪婪像是一把利刃，不能丢下就不能踏上苦海之岸，心中揣着太多的贪念，行走尚且蹒跚，又怎么回头？不回头，哪里是苦海的岸呢？ 要想上岸，必须破除贪念，在修行中要将慈悲心提起，将奉献当作一种快乐。

保持斗志，安逸的生活如同慢性毒药

选择安逸的生活即选择“生命之轻”这种生活方式。安逸的生活虽然看起来很美妙但实际如同地狱。安逸的生活如同慢性毒药，长期的安逸会磨灭人的理想，摧毁人的斗志，最终毁掉人的一生。

有一个人死后，在去阎罗殿的路上，遇见一座金碧辉煌的宫殿。宫殿的主人请求他留下来居住。这个人说：“我在人世间辛辛苦苦地忙碌了一辈子，我现在只想吃、只想睡，我讨厌工作。”

宫殿的主人答道：“若是这样，那么世界上再也没有比我这里更适合你居住的了。我这里有山珍海味，你想吃什么就吃什么，不会有人来阻止你；我这里有舒服的床铺，你想睡多久就睡多久，不会有人来打扰你，而且，我保证没有任何事情需要你做。”

于是，这个人就住了下来。

开始一段日子，这个人吃了睡，睡了吃，感到非常快乐。渐渐地，他觉得有点寂寞和空虚，于是他就去见宫殿主人，抱怨道："这种每天吃吃睡睡的日子过久了也没有意思。我现在是脑满肠肥了，对这种生活已经提不起一点儿兴趣了。你能否为我找一份工作？"

宫殿的主人答道："对不起，我们这里从来就不曾有过工作。"

又过了几个月，这个人实在忍不住了，又去见宫殿的主人："这种日子我实在受不了。如果你不给我工作，我宁愿去下地狱，也不愿再在这里住下去了。"

宫殿的主人轻蔑地笑了："你以为这里是天堂吗？这里本来就是地狱啊！"

安逸的生活原来也是一种地狱。它虽然没有刀山，没有火海，没有油锅，可它能渐渐地毁灭你的理想，腐蚀你的心灵，甚至可以让你变成一具行尸走肉。每个人都向往安逸的生活，经历艰难困苦后短暂的安逸生活可以使我们得到休息和宁静。但是长期的安逸就会使我们的心灵沉睡，潜能隐遁。不愿离开舒适安逸的生活，即便是鹰也不会再展翅飞翔了。

有一个老人在山里打柴时，拾到一只很小的样子怪怪的鸟，那只怪鸟和出生刚满月的小鸡一样大小，也许因为它实在太小了，又不会飞，老人就把这只怪鸟带回家给小孙子玩耍。老人的孙子很调皮，他将怪鸟放在小鸡群里，充当母鸡的孩子，让母鸡养育。母鸡没有发现这个异类，全权负起一个母亲的责任。怪鸟一天天长大了，后来人们发现那只怪鸟竟是一只鹰，人们担心这只鹰再长大一些会吃鸡。为了保护鸡，人们一致强烈要求：要么杀了那只鹰，要么将它放生，让它永远也别回来。因为和这只鹰相处的时间长了，有了感情，这一家人自然舍不得杀它，他们决定将它放生，让它回归大自然。然而，他们用了许多办法都无法让其重返大自然，他们把它带到很远的地方放生，还没过几天，那只鹰又飞回来了，他们驱赶它，不让它进家门，甚至将它打得遍体鳞伤……许多办法试过了都不奏效。最后他们终于明白：原来鹰是眷恋它从小长大的家园，舍不得那个温暖舒适的窝。

后来村里的一位老人说：把鹰交给我吧，我会让它重返蓝天，永远不再回来。老人将鹰带到附近一个最陡峭的悬崖绝壁旁，然后将鹰狠狠向悬崖下的深涧扔去。那只鹰开始也如石头般向下坠去，然而快要到涧底时，它终于展开双翅托住了身体，开始缓缓滑翔，然后轻轻拍了拍翅膀，飞向了蔚蓝的天空，它越飞越自由舒展，越飞动作越漂亮。它越飞越高，越飞越远，渐渐变成了一个小黑点，飞出了人们的视野，永远地飞走了，再也没有回来。

不具有大智慧的人，是看不出安逸给我们带来的副作用的。

季老在《季羡林谈人生》一书中，有一篇名为《老年十戒》的文章，季老在文中给老年朋友提了十条建议，其实这些建议不仅对于老年人适用，对任何一个阶段的人们都合适——因为这十条建议针对的是人类的通病。在“十戒”中有一条是“无所事事”。季老认为人一旦到了老年，难免因为时间的充裕而又无事可做，常常觉得寂寞、无聊。我们都知道季老的一生很勤奋，他90多岁的年纪依然笔耕不辍，只要身体允许每天还是坚持看书、写作，经常在北京的黎明前，即每天清晨4点多就会坐在他的书桌前，季老戏称他观看了北京几十年的清晨。

沉湎于安逸，是人性中惰性的反映。人们喜欢舒适安逸的生活，一旦适应了它，便不愿再离开、再改变。要想追求充实向上的人生，体会生命的价值，我们就应当警惕安逸的生活，不要被安逸所累。

中篇

精进：让人生出众的黄金法则

PART 01

善于学习：精进来自不断地修炼

学习是一生的需要

晋平公作为一位国君，政绩不错，学问也不错。当他70岁的时候，他依然希望再多读点书，多长点知识，因为他总觉得自己所掌握的知识实在是太有限了。可是70岁的人再去学习，困难是很多的，晋平公对自己的想法有点儿不自信，于是他便问他的一位大臣师旷。

师旷虽然双目失明，但博学多智。晋平公问师旷说："你看，我已经70岁了，年纪不小了，可是我还很希望再读些书，长些学问，是否太晚了呢？"

师旷没有正面回答，而是说："我听说，人在少年时代好学，就如同获得了早晨温暖的阳光，太阳越照越亮，时间也久长。人在壮年的时候好学，就好比获得了中午明亮的阳光，虽然中午的太阳已走了一半，可它的力量很强，时间也还有许多。人到老年的时候好学，虽然已日暮，没有了阳光，但他还可以借助烛光啊，烛光虽然不怎么明亮，可是只要获得了这点烛光，尽管有限，也总比在黑暗中摸索要好多了吧。”

晋平公听后恍然大悟，高兴地说：“确实如此！我有信心了。”

古语云：“活到老，学到老。”人的一生都需要学习，这不仅是体现自身价值的需要，也是社会发展的要求。在竞争激烈的社会中，只有养成不断学习的习惯，了解新信息、补充新知识、掌握新技能，才能始终走在时代的前列，保持领先的地位。

提到学习，很多人都会马上想起那是学生的事，只有学校才是学习的场所，自己已是成年人，走上社会多年了，还有什么必要再去学习呢？所以很多人从学校毕业后，就再也没有系统地学习过。

其实，这种看法是不对的。在学校时，固然需要不停地学习才能取得好的成绩，但走向社会、参加工作后，为了胜任工作、不被社会淘汰，也需要不断地学习。因为在学校学习的知识毕竟有限，远远不能适应现实工作和生活的需要，尤其是一些实践性强的技能，在学校是根本学不到的，所以就需要我们边实践边学习。

近十年来，人类的知识几乎以每三年增长一倍的速度提高，知识总量以爆炸式的速度快速增长。只有养成不断学习的习惯，随时随地进行学习，才能保持思维的敏捷，才能跟上时代的步伐，才能在优胜劣汰的竞争中始终立于不败之地。

19世纪英国法律界的名人塞缪尔·拉莫里是个珠宝

匠的儿子，由于家庭原因，他的少年时代并没有受过什么教育，但通过他勤奋的学习弥补了这一缺陷，而且终身都在努力地学习。

他在自传中写道：“我十五六岁时暗下决心学习拉丁语，那时我对拉丁语的了解仅限于一些极日常的语法规则。通过三四年的刻苦学习后，除了有关专业科技课题的著作，譬如瓦罗·康路马拉、塞尔瑟斯的著作，我几乎读完了所有拉丁语鼎盛时期的散文家的作品。其中，利维、萨卢斯特和塔西佗的书我读了足足有3遍。我研读过西塞罗广为流传的演讲词，还将荷马的作品翻译了大半。特伦斯、维吉尔、贺拉斯、奥维德，还有尤维纳利斯的作品我都读了一遍又一遍。”

在此期间，塞缪尔·拉莫里还自学了自然历史、自然哲学和地理等方面的知识，他从一个没有受过教育的人逐渐成了一个知识渊博的人。天道酬勤，他在16岁那年便进入大法官法庭工作，在那儿做秘书。他工作认真负责，并仍然刻苦学习，之后又进入律师行业，取得了辉煌的成就。

1806年，塞缪尔·拉莫里伯爵被政府任命为副检察长，在以后的职业生涯中他依然勤奋努力，稳步前进，最终在法律界占有了一席之地。

虽然塞缪尔·拉莫里很早就表现不俗，但他并没有停止学习，而是依然不停地靠学习来提高自己，不断地补充新知识以弥补自己的不足。 可见，只有养成学习的习惯，在学习

◇ 每天进步一点点 ◇

成功是一点点积累的过程。每天学习一点点、进步一点点，天长日久就会带来质的飞跃。每天花一点时间用于阅读，就可以循序渐进地累积知识、提升自我。与其为自己寻找各种不读书的理由，不如立马行动起来！

中不断地提高自己，不断地拥有适应社会所需要的各种知识，才能适应急速变化的时代。

一个没有足够知识储备、跟不上时代潮流的人，是很难取得较大成就和突破的。许多天赋很高的人，起点也很高，但始终做不出什么成就，终生处在平庸的位置上。原因就是这些人并没有养成学习的习惯，他们宁愿把业余时间都花在麻将桌上，也不肯静下心来读一本书，当机会到来后，因为没有能力而只好任它溜走。

托马斯·金曾经在面对一棵参天大树时有所感悟，他写道："在它的身体里蕴藏着积蓄力量的精神，这使我久久不能平静。崇山峻岭赐予它丰富的养料，山丘为它提供了肥沃的土壤，云朵给它带来充足的雨水，而无数次的四季轮回在它巨大的根系周围积累了丰富的养分，所有这些都为它的成长提供了能量。"

学习就如崇山峻岭、山丘、云朵、四季轮回，正是在学习中，一个人才能吸收到丰富的精神养料，这些养料滋养着个人的成长、成才。

我们也许都还记得方仲永，他可谓是个神童，5 岁时作的诗便流传乡里了。他出口成章，处处受到追捧，于是他父亲整天带他到处应酬，而没有让他继续学习，就这样一代神童很快陨落了，到十几岁时已经与常人无异。可见，神童也是需要学习的，如果停止了学习，他也就不再是神童了。

"吾生也有涯，而知也无涯。"要生存、要发展，就得不断学习新知识，掌握新技能。尤其在新知识、新事物不断涌现和更新的时代，一个人要做到观念常新、思想不僵、能力不减，唯有坚持学习才能做到。

在一个科技发达、瞬息万变的新时代，一个人如果没有知识，就谈不上有能力，更不见得有什么作为，而能力是知识、经验、人生阅历和前人教导的积累与综合。能力的培养需要随时随地学习，需要时时刻刻学习，只有养成勤于学习的习惯，不断充实和完善自己，才能在人生的各个起跑线上占得先机，走向成功。

用最积极的态度去学习

俗话说：“水满则溢。”以一种空杯归零的态度，你还有什么学不到的呢？ 还有一句俗话说：“三人行，必有我师。”如果你想学，在乞丐那里都有值得你学习的东西，不想学的话，即使在哲人面前，你也会表现出不可一世的傲慢。因此，学习的过程应是一种永不满足的求学过程。

成功者和失败者在人生中最主要的差别就是：成功者始终都在用一种最积极的态度去学习，以乐观的态度去思考，用思考和学习所获得的知识经验去控制和支配自己的人生；而失败者则相反，他们并不把过去的失败作为一个学习的过程，而是消极地怨天尤人、不思进取。 因此，不善于学习的人是难以成为成功者的。

有人总是说，不成功都是上天不给机会，环境没有造就良好的条件。 很多人在这些理由下就不再去学习，而是在得过且过、满足现状中草草地打发着时光。 可是，我们必须认识到用积极的态度学习对我们人生道路的积极作用。

学习——这个概念是广义的，并不是狭义地指在学校的课堂照本宣科地学习，也不是办培训寻教员找模范的示范性的教条主义学习。那么，学习指的是什么呢？又需要什么条件才能达到学习的目的呢？首先，学习机会是广泛的，包括你在生活中的每一步都有可学的东西。要从生活中学到东西，就要具备一种谦虚的学习态度。

一位禅师让徒弟装来一坛石子，徒弟去装了一坛石子回来，禅师问徒弟："装满了吗？"

徒弟说："装满了。"

禅师拿些细沙顺着石缝倒满后又问徒弟："这回满了吗？"

徒弟说："这回真满了。"

禅师又取些水倒进去很多，满了后问徒弟："现在满了吗？"

徒弟说："真的满了。"

禅师又将一些干土放进去，干土吸水后又放进好多，禅师又问："这次真的满了吗？"

徒弟不敢回答了。

禅师又说："我还可以倒些水进去，它可能在今天真的满了，可过几天你再来看它就会空下去很多，因此我告诉你，它永远都不会满的。"

这是根据一个禅悟的小故事改写而成的，其道理是做人永远不要有自满的态度，自满就不可能学到知识，特别是在这个竞争异常激烈的时代里，如果我们不去学习就难以胜任工作，甚至找不到工作。在日新月异的知识更新过程中，我们今天觉得很实用的学问，也许在明天一觉醒来时就可能被淘汰，任何自满情绪都会导致失败。只有戒除这个不良心态，营造一个永远渴求新知识的积极的学习心态，你才能适应社会、时代的需要。

在这个世界上，我们每个人都想成功，都想站在成功的巅峰上风光一下。但你别忘了，成功的路只有一条，那就是学习，正如一位成功人士所说："成功的路上，没有止境，但永远存在险境；没有满足，却永远存在不足；在成功路上立足的根本就是：学习、学习、再学习。"

在实践和现实生活中都有学之不尽的东西，我们应从生活中汲取和参悟其精华来补充自己的不足。只要有了虚心的求知态度，我们就一定会学到东西；也只有不断地学习，我们才会进步；只有好学的人，他的成功率才高，才可能立于不败之地。

没有人不渴望成功，而渴望达到成功的更高层是每个人的夙愿，实现这一愿望的唯一途径就是要有知识。没有真才实学、没有知识的支撑，不管你今天有多优越的条件，或有多好的机遇，或许你已小有成就，但迟早是要被时代淘汰的。

奥里森·马登说过："人的一生都是受教育的时间，而我们置身其中的世界就是一所大学校。我们所遇到的人、接触到的事，所有的经验都是这所学校里最好的学习资料，只要我们开放自己的耳目，则在每一天、每一秒钟，随时都可以吸收很好的知识，然后在空闲的时间里，把吸收来的学识反复思考、反复咀嚼，就可以将那些零碎的知识整合成为更精湛、更有意义的学问。"

阅读是一种快乐

诺贝尔经济学奖得主迈克尔·斯宾塞曾经说：“每当我们翻开书页，就等于开启一道通往世界的窗。”英国散文家约瑟夫·爱迪生也认为：“阅读对于大脑就像锻炼对于身体一样。”

其实，就个人知识的获得来说，一般来自两个方面：一方面通过亲自实践获得大量感性的知识，然后通过思考上升为理性知识，这些构成了个人知识的一小部分来源；另一方面则是直接把人类在长期实践中积累起来的知识继承过来，把社会的知识转化为个人的知识。除非我们用前人在书中留给我们的伟大思想遗产来丰富自己的头脑，否则我们的大脑就会由于缺乏这些必要的练习而停止发展，并逐渐变得迟钝起来，就像一个缺乏训练和实践的运动员一样。

在继承知识的各条途径中，可以说阅读是一条主要途径。美国就是非常注重学习的国家，每位总统上任以后，如克林顿提出的“阅读挑战”运动，布什的“阅读优先”方案，都大力提倡阅读。

布什刚刚上任后，就提出“不让任何一个孩子落在后面”的教育改革方案，将“阅读优先”作为政策的主轴，下拨了50亿美元的经费，还特别补助阅读环境较差的弱势学生，希望能在5年内，让美国所有的小学生在小学三年级之前具备基本的阅读能力。

不只是美国，英国前教育部长布朗奇在任时就发誓，要“打造一个全国都是读书人的国度”。在英国阅读年里，政府额外拨出了1.5亿英镑的购书经费，平均每个学校获得4000英镑，全国中小学图书馆总共多了2300万册的图书。阅读年结束后，英国点燃的阅读热情并没有停止，受政府委托的阅读运动组织持续推广各种阅读活动。

当然，阅读并不只是学生的事，是全人类的使命。有人说，德国人之所以整体素质比较高，与他们具有优良的阅读传统分不开。

据统计，德国有1.4万个图书馆，藏书1.29亿册，连很小的乡镇都有图书馆。德国书商协会、读书基金会等组织经常举办丰富多彩的阅读活动，激发人们的阅读兴趣，提高人们的阅读热情。即使在因特网十分发达的今天，德国人仍旧保持着巨大的读书热情。在地铁列车里、在公园草坪上，甚至在医院的候诊室里，到处可见手捧书本埋头阅读的人。根据调查显示，70%的德国人喜爱读书，50%以上的人定期买书，30%的人几乎天天读书，读书已经融入德国人的日常生活中了。

从各国对阅读的重视上，我们可以得出这样的结论：阅读是人生中必不可少的课程。纵观历史，大凡有所成就的人在他们的一生中都有一个贪婪地阅读大量书籍的时期。

12岁的托马斯·爱迪生弄到了一张公共图书馆的阅览证，就暗下决心，要挨个儿把这里所有的书都读完。于是，他开始从放在书架最底层的书读起。他碰到了这样一些书：牛顿的《自然哲学的数学基础》以及《技术辞典》《忧郁症解剖学》……他利用空暇时间一卷又一卷地读了起来，不放过一本，不漏掉一页，一直读完了5米长的书架上的书。只是此后，他才得出一个结论，读书一定要有选择，而不能挨个儿把所有的书都读完。但是，这件轶事还是很有教益的。你可以问问自己：我读了几米的书？

朱伯特曾经说过："人能养成每天读10分钟书的习惯，每天10分钟，20年以后，他的知识程度将会前后判若两人。"阅读能够改变一个人，下面这件事一定会给大家带来启迪。

艾伦的家庭经济情况很糟糕，孩子也多，他的父母整日忙于工作和家务，对孩子们的教育没有足够的重视，他中学没有毕业就开始工作了。渐渐地，他在工作中意识到自己在知识方面的贫乏，就决定每天晚上都要用两个小时的时间去读书。一开始，没有人相信他能每天都读两个小时的书，因为他的脾气比较暴躁，又非常好动，根本不可能安静地坐在那里读书。可出乎大家意料的是，他居然坚持下来了，这20年来他真的有了令人吃惊的变化。原来中学都没有毕业的他，竟然完全依靠每天晚上两小时的读书获得了纽约大学本科的学位证书。当然，他也由原来的一名普通工人变成了一个非常称职的行政经理。而原来和他一起参加工作的同事，由于把晚上的时间都在酒吧和牌桌上挥霍掉了，所以除了那点可怜的工作经验以外，别的都还是老样子。

事实上，工作以后，谁都会非常繁忙，但仔细想想，其中有许多事情并没有什么实际意义，都是在浪费时间，你完全可以从每天的时间中挤出一点来读书。当然，工作以后很少会有人还能坚持读书。这一方面是由于生活、工作的繁忙，另一方面也是因为他们在学生时代就没有培养出阅读的习惯和能力。

也许你会说，我也读了很多书，但为什么没有你所说的那种效果呢？这就是阅读方法和能力的问题了。要阅读就必须学会有效地阅读，掌握一些好的方法，然后在阅读中不断提高阅读能力。

1. 要有目的、有计划地读书

面对浩瀚的书海，如果读书没有目的和计划，将会无所适从。

步入社会的人，时间和精力大部分要花费在工作与生活中，因此可供阅读的时间并不多，如果读书再没有目的和计划，就会使宝贵的阅读时间得不到充分、有效的利用。

所以，阅读应以达到这样的目的为出发点：有利于基础知识的学习；有利于工作成绩的提高；有利于发挥自己的特长；有利于弥补自己的弱点；有利于阅读能力的加强。

书选好了，再把读书的时间分配好，不仅可以提高读书的效率，也不至于影响工作与生活。长期坚持下去，工作中的弱点就可以得到弥补，个人的特长就可以得到发展。

不少人读书缺乏目的和计划，一味地从兴趣出发，常常看一些侦探小说、武侠小说，有的还达到了爱不释手的地步，为看这些书而开夜车，影响工作和生活，这是一种不好的读书倾向。

2. 要处理好博览和精读的关系

博览就是广泛地看书，目的是针对书的内容做一般性的了解，以发现书内精华的部分和急需的知识。广泛阅读可以博采众长，正如鲁迅所说："如果只看一个人的著作，结果是不大好的，你就得不到多方面的优点。必须如蜜蜂一样，采过许多花，才能酿出蜜来，倘若叮在一处，所得就非常有限，枯燥了。"

博览就是观大略，在短时间内阅读大量书籍，为精读创造条件。观大略的方法是：看目录，从目录中发现有用的内容，再翻阅有关部分，到书店选书就是用这种办法；看内容提示，看书的开头几段和结尾几段，以掌握书的大概内容；也可以用快速阅读法，就是用较快的速度读一遍，了解大致的内容。

在博览的基础上，在同类的书中选出一本最好的进行精读。精读之后再阅读同类的其他书籍。精读时，要“细嚼慢咽”、要多动脑筋、要反反复复地读，还要认真做读书笔记。

数学家张广厚在谈起学习一本数学小册子时说：“这篇论文一共二十多面，我反反复复地念了半年多，因为老用手摸这几页，白白的书边上，留下了一条明显的黑线。这样反复学习，对我们研究工作有很大的促进作用，我的爱人说：‘这哪叫念书啊！简直和吃书一样。’”精读过的书，要做到：一懂，就是对书的基本内容要达到理解的程度；二记，就是要记住所理解的内容；三会，就是会运用这些理解了的知识；四熟，就是能熟练地将从书本内学到的知识表达出来或运用它分析问题和解决问题。

3. 要勤于思考

爱因斯坦说：“在所阅读的书本中找出可以把自己引向深处的东西，把其他一切统统抛掉，就是抛掉使头脑负担过重和会把自己诱离要求的一切。”就是说，阅读时要抓住书中的精髓，实现由浅入深的转化。

英国诗人柯勒律曾把读者分为 4 类：第一类好比计时的沙漏漏沙，注进去，漏出来，到头来一点痕迹也没有留下；第二类好像海绵，什么都吸收，挤一挤，流出来的东西原封不动，甚至还脏了些；第三类像滤豆浆的布袋，豆浆都流了，留下的只是豆渣；第四类像开掘宝石的苦工，把矿渣甩一边，只要纯净的宝石。这段话的意思是说，阅读时，要取其精华，去其糟粕。

4. 要做好阅读笔记

威廉·李卜克内西在《忆马克思》一文中说："只要有一点可能，他任何时候总要工作的。就是去散步，他也要带一本笔记簿，并且时时在上面写点什么。"为了写《资本论》，仅在1850年8月至1853年6月，马克思就摘录了70个不同作者的著作，写了24本有关政治经济学的笔记。在写《资本论》的过程中，他摘录的书有1500多本，写的笔记至少有100多本。马克思在笔记的封面上写明做笔记的时间和地点，编上笔记的序号，有的还加上标题……每本笔记都编有页码，为了日后查阅方便，很多笔记都做了目录和内容提要。

其实，阅读方法是可以学习与掌握的，关键在于你有没有将阅读作为自己终生习惯的信心。学习是一生的事情，那么阅读作为学习的一种方法、一种途径，它将陪伴你度过学习的一生，也将带给你快乐的一生。

向成功人士学习

英国科学巨匠牛顿研究物质的运动规律，发现了万有引力定律。当牛顿在谈到这一重大科学发现时给世人留下了一句名言：“如果说我比别人看得更远些，那是因为我站在了巨人的肩上。”牛顿的这句话并不只是谦虚，他发现这一定律不是从“零”开始的，也不是“苹果落地”瞬间的辉煌，而是在借鉴他人成果的基础上的伟大“超越”。比如，哥白尼的“日心说”、开普勒的“行星运动三大定律”、胡克的“太阳吸力”等，牛顿都在万有引力定律中继承了。

无独有偶，爱迪生发明电灯泡，是看到了法拉第的《电磁学理论》；而法拉第的电磁学理论则受益于美国化学家戴维的《电与磁》；瓦特改良蒸汽机，实际上并不仅仅是茶壶盖的功劳，而是两个关键性技术环节的作用，而这两个关键性技术数据正是从学习别人的成果中得来的。

纵观人类的整个文明历史进程，任何一种知识都是在不断批判吸收的基础上增值的，任何一门科学都是人类长时间共同积累起来的智慧结晶。知识、科学发现如此，为人、处世、做事也莫不如此，聪明的人总是善于借鉴他人的成功经验，拿来为我所用。

一个人要取得成功，借鉴成功人士的经验是很重要的。这就需要养成与成功者为伍、借鉴成功人士经验的习惯，你才能站得更高、看得更远，取得更大的成功。

有一个贫困的犹太人，见一个富人生活得很舒适、很惬意。他在心里想："嗯，走着瞧，总有一天我会比你更富有，会比你过得更好。"

于是，他找到富人对他说："我愿意在您家里为您工作5年，我不要一分钱，只给我吃、让我住就行了。"

富人觉得这真是少有的好事，便立即答应了这个穷人的请求。5年过后，穷人离开了这个富人的家，不知去向。

10年过去了，那个昔日的穷人已经变得非常富有。而以前的那个富人就显得寒酸了。于是，富人向昔日的穷人提出请求，愿意出10万元买他变得富有的经验。

那个昔日的穷人听了后哈哈大笑："我正是从你那儿学来的致富经验，才赚了大量的钱，现在你怎么又要用金钱来买我的经验呢?"

根据犹太人的经验，智慧来自学习、观察和思考。要想成为富人的第一途径就是向富人学习。故事中的穷犹太人就是通过给富人当奴仆，近距离接触富人，学习他的致富经验和智慧，才使自己也具备了智慧，从而赚取了大量的金钱。

调查发现，很多大企业原本只是业绩一般的小型企业，而企业家本身也并不成功，但当他们有机会拜访或参观过一些知名大企业后，受到了激励、学到了经验，从此便获得了腾飞的动力。

成功人士的经验是一笔宝贵的财富，只有拿来为我所用，并实现超越，你才能飞得更高。

每个人的能力都是有限的。年轻人精力旺盛，认为没有做不完的事。其实，精力再充沛，个人的能力还是有一个限度的。超过这个限度，就是人所不能及的，也就是你的短处了。所以，要向别人学习，汲取别人的长处来弥补自己的不足。同时，也因为自己的能力倾向与其他人不同，所以每个人有自己的长处，同时也有不足之处。在这种情况下，用他人之长来弥补自己的不足就成了完善自身的有效方法。

刚出校门的年轻人，往往容易犯自我陶醉的毛病，认为自己学历高、知识广，在工作中不懂得向资深人士学习工作经验，结果吃了不少苦头，浪费了不少时间。

学历不等于能力，有了高学历不一定就高人一等，因此也就没有必要向别人炫耀什么。如果只因为自己的学历比别人高，认为自己高高在上，没有不足之处，这样的人就危险了。

任何人都不是完美的，在竞争激烈的现代社会，如果还摆高学历的架子，那就等于是向失败敞开怀抱。

多少成功的范例证明：只有养成向他人学习、取长补短的好习惯，才能充分发挥自身优势，利用他人的优势来弥补自己的不足，才能在今天的社会中取得更大的成就。

PART 02

深度努力：优化你的『努力』方式

抓住关键，分清主次

古人云："事有先后，用有缓急。"工作也是如此，作为一名优秀的工作者，分清事情的轻重缓急，不但做起事来井井有条，完成后的效果也是不同凡响。次序处理好了，不但能够节约办公时间、提高办公效率，最重要的是能给自己减少许多麻烦。决定好做事情的轻重缓急，是为自己找到更多时间去完成最为紧要的工作的最为有效的第一步。也就是说，如果你把为自己寻找更多的时间视为第一需要，而你计划优先去做最紧要的事，那你就能找到更多的时间。这是非常简单的道理。

工作中有长远目标、短期目标、即时目标。这些目标有时候会像热气球遇上麻烦一样到处乱撞，照顾了这一点又忘记了那一点，无论怎样权衡利弊，始终不能尽善尽美。这时一定要善于发现并解决最迫切的问题。只有先解决这些问题，才能解决其他问题。

在美国总统中，卡特被认为是"最繁忙"的总统。

他为什么忙？

因为他事无巨细，渴望掌握所有问题的第一手资料。这使他淹没于细节中，而忽略了对整体的把握。

那么，他忙出政绩了吗？

当然有一些，但肯定不突出，他被美国公众看作一个成效不彰的总统。在他下台的时候，他的支持率只有22%，是第二次世界大战以来，包括尼克松总统在内所有总统中支持率最低的一位。

作为一国总统，应该分清轻重和主次，不能什么都抓在手里。作为一个优秀的职业人呢？也应该分清轻重缓急的关系。凡事都有轻重缓急，重要性最高的事情应该优先处理，不应将其和重要性最低的事情混为一谈。对于那些要做的事情，我们可以先把它们按照“急重轻缓”的顺序，整理好再着手处理：

1. 重要且紧急

首先选出重要且紧急的事情，它们的紧急和重要性，要比其他每一件事都优先。如果拖延是造成紧急的因素，则现在已经不能再拖延了。在这些情形下，时间管理就不会出现什么问题了。

2. 重要但不紧急

我们生活中，大多数所谓重要的事情都不是紧急的，我们可以稍后再做。

例如：你要参加提升你专业技术的培训班；你想找出时间先做一番初步资料搜集之后，再向老师提出你的计划。

这些工作都有一个共同点：尽管它们具有重要性，可以影响到你的健康、财富和家庭的福利，但是你如果不采取初步行动，它们可以无限期地拖延下去。如果这些事情没有涉及别人的优先工作，或没有规定期限而使它们成为“紧急”，你就永远不会把它们列入你自己优先要办的工作。

3. 紧急但不重要

表面上看起来需要立刻采取行动的事情，但是如果客观地来检视，我们就会把它们列入次优先级别里面去。

例如：某人要求你主持一项筹集资金的活动、发表演讲或参加一项会议。你或许会认为每一个都是次优先的事情，但是有一个人站在你面前，等着你回答，你就接受了他的请求，因为你想不出一个婉拒的办法。然后因为这件事情本身有期限，必须马上去做，于是第二类的优先事情就只好向后移了。

4. 不紧急也不重要

很多工作只有一点价值，既不紧急也不重要，而我们常常在做更重要的事情之前先做它们，因为它们会分你的心——它们提供一种有事做和有成就的感觉，也使我们有借口把更困难的工作向后拖延。如果你发现时间经常被小事情占去了，你就要试一下学会克服这种拖延。

建议每一位有心人都能制订一份自己在一段时间里的详

◇ 抓住关键，分清主次 ◇

事有轻重缓急，处理好待办事物的顺序有助于节约办公时间、提高办公效率。人要善于发现工作与生活中最重要且迫切的问题，要会抽丝剥茧，抓住重点。先解决主要矛盾，再处理次要矛盾，就可以合理运用时间。

尽工作计划，并在每天结束前精确地安排明天的工作。同时还要制订一份科学的休息时间表，从而保证自己的一生始终在精力充沛地从事最有意义的工作。大多数的人是根据紧急性做事，所以他们会花很多时间去救火而不是制订一项计划，直到期限临头才手忙脚乱。所以说，处理事务分不清轻重缓急是对工作的不负责任。进一步说，它是工作的隐形杀手，它常常把辛勤劳动的成果弄得乱七八糟，它如同包裹在美丽蝴蝶身上的一层难看的蛹衣，会掩盖住你出色的工作能力。所以，分清工作的轻重缓急，养成良好的工作习惯，就能帮助你轻松应对每一项工作，成为一名名副其实的有效率的工作者。

专心致志，一次做好一件事

在做事之前，把你需要做的事想象成是一大排抽屉中的一个小抽屉。你每做一件事只是一次拉开一个抽屉，令人满意地完成抽屉内的事情，然后将抽屉推回去。不要总想着所有的抽屉，而要将精力集中于你已经打开的那个抽屉。一旦你把一个抽屉推回去了，就不要再去想它。

要知道，一个人的精力是有限的，把精力分散在好几件事情上，不仅不是明智的选择，而且也是不切实际的。专心地做好一件事，就能有所收益，能突破人生困境。这样做的好处是不至于因为做的事太多，拉的战线太长，反而一件事都做不好，结果两手空空。所以，一个做事有条理的人不会把精力同时集中于几件事上，而只是关注其中之一。也就是说，他们不会因为从事分外工作而分散了自己的精力。

如果一个人集中精力专注于一项工作，那么，他就能把这项工作做得很好。在对 100 位在其本行业获得杰出成就的人士的商业哲学观点进行分析之后，有人发现了这样一个事实：他们每个人都具有专心致志和明确果断的优点。做事有明确的目标，不仅会帮助你培养出能够迅速做出决定的习惯，还会帮助你把全部的注意力集中在一项工作上，直到你完成了这项工作为止。成功的商人都是能够迅速而果断做出决定的人，他们总是首先确定一个明确的目标，并集中精力，专心致志地朝这个目标努力。

伍尔沃斯的目标是要在全国各地设立一连串的“廉价连锁商店”，于是他把全部精力花在这件工作上，最后终于完成了此项目标，而这项目标也使他成了改变自己的人。林肯专心致力于解放黑奴，并因此使自己成为美国最伟大的总统之一。李斯特在听过一次演说后，内心充满了成为一名伟大律师的欲望，他把一切心力专注于这项目标，结果成为美国最知名的律师之一。伊斯特曼致力于生产柯达相机，这为他赚进了数不清的金钱，也为全球数百万人带来无比的乐趣。海伦·凯勒专注于学习说话，因此，尽管她又聋、又哑，而且还看不见，但她还是实现了她的明确目标。

种种事例说明，所有成功者都把某种明确而特殊的目标当作他们努力的主要方向。

专心就是把意识集中在某一个特定目标上的行为，要一直集中到已经找到实现这项目标的方法，直到为之付诸实际行动并完成为止。

假设你准备成为一位著名作家，或是一位杰出的演说家，或是一位杰出的商界主管，或是一位能力高超的金融家。那么你最好在每天就寝前及起床后，花上 10 分钟，把你的思想集中在这项愿望上，以决定应该如何进行，才有可能把它变成事实。

当你要专心致志地集中你的思想时，不妨把你的眼光投向未来而不是现在，幻想你自己是这个时代最有力量的演说家；假设你拥有相当不错的收入；假想你利用演说的金钱报酬购买了自己的房子；幻想你在银行里有一笔数目可观的存款，准备将来退休养老；想象你自己是位极有影响的人物；假想你自己正从事一项永远不用害怕失去地位的工作……专注于这些想象，有可能促使你付出努力，美梦成真。

在具体的工作过程中，一次只专心地做一件事，全身心地投入并积极地希望它成功，这样你就不会感到精疲力竭。不要让你的思维转到别的事情、别的需要或别的想法上去。专心于你已经决定去做的那个重要项目，放弃其他所有的事，你会慢慢地把每一件事都完成得相当出色，而不是同以往那样什么事都做得非常一般，没有亮点。

专心的力量是神奇的，在激烈的竞争中，如果你能向一个目标集中注意力，就不会感到精疲力竭，你取得成功的机会也将大大增加。为了工作上有突破，为了前途更加光明，一次专心地去做一件事吧！

吸取教训，不要犯相同的错误

西北铁路公司的希尔先生对马尔可逊先生说：“一点也没有犯过错误的人不是一个笨蛋，就是一个懦夫。我曾经做过许多错事，将来恐怕还会做许多错事，但是每次我总能从错误中学到一点东西。”每个人都会犯错，而且肯定不止一次犯错。犯错并不可怕，可怕的是总是重复犯同一个错误。聪明的人能从错误中吸取教训，为防止下一次受挫提前做好准备；愚笨的人并不能这样做，或者说并不能总这样做，往往是重复地犯同样的错误。

一次，一个猎人捕获了一只能说70种语言的鸟。

“放了我，”这只鸟说，“我将告诉你3条忠告。”

“先告诉我，”猎人回答说，“我起誓我会放了你。”

“第一条忠告是，”鸟说道，“做事后不要懊悔。”

“第二条忠告是：如果有人告诉你一件事，你自己认为是不可能的就别相信。”

“第三条忠告是：当你爬不上去时，别再费力去爬。”

然后鸟对猎人说：“该放我走了吧。”猎人依言将鸟放了。

这只鸟飞起落在树梢上，并向猎人大声喊道：“你真愚蠢。你放了我，但你并不知道我的嘴里有一颗价值连城的大珍珠。正是这颗珍珠使我这样聪明。”

这个猎人很想再捕获这只放飞的鸟，他跑到树跟前开始向上爬。但是当爬到一半的时候，他掉了下来并摔断了双腿。

鸟嘲笑他并向他喊道：“笨蛋！我刚才告诉你的忠告你全忘记了。我告诉你一旦做了一件事情就别后悔，而你却后悔放了我。我告诉你如果有人对你讲你认为是不可能的事，就别相信，但你却相信像我这样一只小鸟的嘴中会有一颗很大的宝贵珍珠。我告诉你如果你爬不上去时，就别强迫自己去爬，而你却追赶我并试图爬上这棵大树，还掉下去摔断了你的双腿。”

“这句箴言说的就是你：‘对聪明人来说，一次教训比蠢人受一百次鞭挞还深刻。’”

说完鸟就飞走了。

许多人都会和猎人犯一样的错误。往往在工作中犯了错误之后，并不是及时地总结经验教训，为下一步行动提前做好准备，而是匆忙地继续将工作进行下去，想用完成另一件工作来掩盖或者弥补已经犯下的错，结果却是错上加错。因此，你有必要学会听从别人的忠告，尤其是那些和你做同样工作，而又比你工作更久的人。这些忠告来自工作经验的总结，以及失败的教训，为的就是避免下一次犯类似的错误。不要因为是别人的嘲讽就失去信心，即使别人的嘲讽有时也能帮助你认清错误的本来面目。

本杰明·富兰克林是美国历史上最能干、最杰出的外交官之一。

当富兰克林还是毛躁的年轻人时，一位教友会的老朋友把他叫到一旁对他批评道："你真是无可救药，你已经打击了每一位和你意见不同的人。你的意见变得太尖刻了，没人承受得起。你的朋友发觉，如果你不在场，他们会自在得多。你知道得太多了，没有人能再教你什么。"他指出了富兰克林刻薄、难以容人的个性。而后，富兰克林渐渐地改正了他的这一缺点，变得成熟、明智，一改以前傲慢、粗野的习性。

后来，富兰克林说："我立下条规矩，绝不正面反对别人的意见，也不准自己太武断。我甚至不准自己在文字或语言上措辞太自我。我不说'当然''无疑'等，而改用'我想''我觉得'或'我想象'一件事该这样或那样。"这种方式使他渐渐成为事业的强者。

由此可见，错误是有教育意义的，人们可以从错误中学习。这样，一个小小的错误就可以警告人们避免大的错误。那些不肯承认自己做过错事的人，就失掉了这种避免大失误的宝贵经验，而以后就会继续犯这种错误。而最终的结果是他颓丧地坐下来，哀叹自己的悲惨命运。

芝加哥的医学专家玛威尔逊说：“我宁愿让一个人犯错误，而不喜欢他为自己的错误找托词来回避责任，只要他第二次不犯同样的错误。托词是一种危险的东西，容易使人养成很坏的习惯。一个从不找托词逃避责任的人，虽然工作不一定都做得很好，但他总是会尽力地往好的方面去做。”可见，对待错误，正确的做法就是对错误的及时认识和修正，不要执迷不悟。能够及时改正错误的人，才不会越陷越深，离完成工作目标越来越远。

我们都知道，如果没有错误，成功就在眼前。可是谁敢保证错误会远离自己，不会有第二次、第三次呢？承认错误是一种人生智慧，但不能总在错误发生后再去寻找原因，更重要的是不能总在重复地犯同样的错误，也唯有这样，才能成为一名真正的高效率工作者。

善始善终，将任务执行到底

据美国纺织品零售商协会的一项调查研究，最初的努力不成功，几乎令一半的推销员放弃后续的努力。做事虎头蛇尾，不能坚持是销售失败的主要原因。请看如下的统计数据：

有48%的推销员找过一次客户之后就不干了；

有25%的推销员找过两次客户之后不干了；

有15%的推销员找过三次客户之后不干了；

12%的推销员找过三次之后，继续干，而80%的生意恰恰就是这些推销员做成的。

许多人做事一开始时非常认真，全身心投入，在中途遇上小小的挫折，就逃避困难，寻求简单的事重新开始，或者没有耐心，在一段工作之后感到疲倦厌烦，开始寻求新的刺激，忙碌得很，最终却连一个令人满意的结尾也没有。

他们没有取得成功，大多是败在自己手中。在遇到挫折时主动放弃自己的追求，缺乏坚持不懈的精神；在执行任务时有始无终、有头无尾，只重开始不管结果。

在工作中，常常遇到这种有头无尾或者虎头蛇尾的情况。

一个著名的企业家说，如果让员工们擦杯子，不管杯子多干净，都要擦9遍。那么，日本的员工会兢兢业业每天都擦9遍。中国的员工最聪明，第一天会兢兢业业地擦9遍，第二天也会擦9遍，到了第三天他就会只擦6遍，接着就会只擦5遍、3遍、2遍……

这就是我们所说的执行虎头蛇尾型员工。很多执行者做事就是开始热，过了3天就开始松懈了，再过段时间就撒手不管了，这种习惯致使企业的很多决策无法彻底执行下去。

> 一家酒业公司的全国销售经理，在年初会议上开列了一系列的计划目标，并且细分到每个单位、每个部门甚至每个人，所做的事情也1、2、3、4、5……排序了，但是到了离年度结账只剩一个月时，实际销售却不到计划的六成。春节促销战迫在眉睫，而他的下属们，呈报上来的可以执行春节活动的商场和酒楼渠道的网点数量以及销售预计，数字“寒碜”得让他大为恼火。他无奈地放下电话，摇了摇头说：“员工们执行力太差。”

相信很多企业的管理者都遇到过类似的情况。虎头蛇尾的员工对于已布置的工作，如果没有督促就不会有积极的反馈。到年底，这些目标、计划、任务完成得如何？离目标值还有多少距离？无法完成计划的原因何在？要么统统没有了下文，要么只有包含着大量“大约”“可能”等含糊不清的总结。这些不良做法足以让企业的执行力消失。

这些人之所以无法取得成功，不是因为他们能力不够，而是缺乏坚持不懈的精神。他们做事虎头蛇尾、有始无终，做事的过程中也是东拼西凑、草草了事。

开始做一件工作，需要的是决心与热忱，而完成一份工作，需要的却是认真与毅力。缺少热忱，事情无法启动；只有热忱而无认真与毅力，工作不能完成。

很多时候，执行就是一种坚持到底的信念，有了这种信念，才能不计代价，使命必达。抱有这种态度的人，在执行工作的过程中，从不会因为困难而停止脚步，更不会在困难面前退缩，而是勇敢地面对，认真想办法。只要积极主动地面对工作中的困难，就一定可以找到排除困难的办法。

吴菲是一家公司的业务员，因为所学专业与她的工作很不对口，看着同事出色的业绩，而自己只是表现平平，她十分沮丧，公司各种各样的琐事更是让她喘不过气来。渐渐地，她感到对工作和生活都失去了激情，整天愁眉苦脸，甚至怀疑当初老板为什么聘她进公司。

终于，吴菲无法忍受，找到老板要求调换工作，而老板非常看重吴菲的聪明才智，也深信她是位出色的业务人员。于是，他很慎重地和吴菲谈了一次，并把一个对公司非常重要的项目交给吴菲。那个项目的难度非常高，即使老业务员也很难做好，但老板却给了吴菲！

回到家后，吴菲思考、分析着老板说的话，在学校时的种种考试她都走过来了，难道……她感到自己对工作的激情就像一座将要爆发的火山，自己又充满了力量和斗志。

老板交给她的项目虽然在别人眼里几乎是不可能完成的，但吴菲把自己的状态调整到最好，她感觉自己的潜能被激发出来了，激情万丈，创造力空前高涨，工作效率也大大提高，吴菲看到了另一个自己。几个月后，她漂亮地完成了这个“不可能”的任务。

在完成任务的过程中，我们总会遇到很多困难，但是只要坚持下来，就一定能突出重围。倘若一遇到困难便不再坚持，那么，所有的努力都将白费。

一旦接到任务，就应该坚持不懈地干下去，在奋斗的过程中，坚持是制胜的法宝！一个人成功与否，要看他是否有恒心，能否善始善终地完成任务。职场如战场，一旦开始，就没有退路，放弃就意味着失败，甚至是死亡。既然已经开始，就全力以赴地坚持到底，这是你赢得最后胜利的唯一道路。

坚持不懈地完成任务是每一个职场人士完美执行的重要方法。一个人要想成就一番事业，就要有恒心和毅力，只有坚持不懈才能取得成功。 特别是在遇到问题和挫折的时候，更要不松懈、不放弃，一如既往地努力下去，直到最后成功。就如英国思想家塞缪尔·约翰生说的：“成大事不在于力量的大小，而在于坚持多久。”

PART 03

持续精进：走在追求完美的路上

每一件事都要精益求精

地中海岸边有个老铁匠，他打造铁器的时候完全按照买主的要求，从不偷工减料。即使买主没有什么特殊的要求，他也会把铁器打得又好又结实。特别是他打造的铁链，比任何一家做得都结实。有人说他太老实了，但他不管这些，工作起来总是一丝不苟。

有一次，老铁匠打造了一条又长又粗的铁链，打好后运去装在一艘大轮船的甲板上，做了主锚的铁链，这艘航行远洋的巨轮多少年都没有机会用上它。

直到有一天晚上，海上风暴骤起，风高浪急，随时有可能把船冲到礁石上撞个粉碎。船上其他铁锚都放下去了，然而一点都不管事，那些铁链就像是纸做的，经不住风浪，全都断开了，最后船长下令把主锚抛下海去。

这条巨链第一次从船上滑到海里，全船的人都紧张地望着它，看看这条铁链受不受得住风浪。全船一千多名乘客的安全都系在这条铁链上了，要是那位老铁匠在打造这条铁链时稍微有些马虎，只要在铁链的千百个铁环上有任何一环出现问题，船就有在大海里沉没的危险。

但老铁匠在打造这条铁链时和他打造其他无数条铁链时一样尽心尽力，用上了他全部的心智和力量。这条铁链经受住了风浪的考验，船保住了，一直到风浪过去，黎明来临。

这艘大轮船的目的地正是老铁匠所在的海港，逃脱大难的船长亲自到老铁匠处表示谢意。听完了船长感谢的话语后，老铁匠很平静地说："我只是本着良心，尽力做好我分内的事。"

一位成功的经营者说："如果你能一丝不苟，做到尽可能完美，应该比你制造出粗陋的产品赚到的钱更多。"

无论做什么工作都应该精通它，做到一丝不苟，把每一件事都做得完美。这其中蕴含着不容忽视的道理，却很少有人能真正体会到。

那么，现在就让我们来审视一下自己吧！

自己是否真的走在前进的道路上？

为了使自己对工作更精通，或者为了使自身能力有提高，是否认真研究过专业方面的书籍？

自己有没有像画家仔细研究画像一样，仔细研究过工作领域的各个细节？

在自己的工作领域，自己是否做到了尽职尽责？

如果对这些问题的答案不是肯定的，那么就要努力改正自身的某些不足。

有位伟人说：“我在一段时间内只会集中精力做一件事，但我会彻底做好它。”这就要求我们无论做什么工作，都需要做到“精通”二字。

懂得如何做好一件事，比对什么事都懂得一点皮毛但什么事都做不好要强得多。

一位总裁说过：“不论你手边是何种工作，都要尽心尽力去做！ 它可以作为天才的替代品！”

艾德·赛礼在担任“帝国计算器公司”销售经理期间，曾面临一种尴尬的情况，该公司的财政遇到了困难。这件事被在外头负责推销的销售人员知道了，并因此失去了工作的热忱，销售量开始下跌。到后来，情况更为严重，销售部门不得不召开全体销售员大会，全美各地的销售员皆被叫来参加这次会议。

赛礼先生主持了这次会议。

首先，他请手下最佳的几位销售员站起来，要他们说明销售量为何会下跌。这些被唤到名字的销售员一一站起来以后，每名员工都将理由说得振振有词，比如商业不景气、资金缺少、人们都希望等到总统大选揭晓以后再买东西等。

当第六位销售员开始列举使他无法完成销售配额的种种困难时，赛礼先生突然跳到一张桌子上，高举双手，要求大家肃静。然后，他说道：“停止，我命令大会暂停10 分钟，让我把我的皮鞋擦亮。”

然后，他命令坐在附近的一名佣工把他的皮鞋擦亮，而他就站在桌子上不动。

在场的销售员都惊呆了，他们以为赛礼先生发疯了，开始窃窃私语。在这时，那位佣工先擦亮赛礼先生的第一只鞋子，然后又擦另一只鞋子，他不慌不忙地擦着，表现出一流的擦鞋技巧。

皮鞋擦亮之后，赛礼先生给了佣工一毛钱，然后发表他的演说。

他说："我希望你们每个人好好看看这个佣工，他拥有在我们整个工厂及办公室内擦鞋的特权。他的前任是位年纪比他大的男孩，尽管公司每周补贴那个男孩10美元的薪水，而且工厂里有数千名员工，但他仍然无法从这家公司赚取足以维持他生活的费用。

"而这位小男孩不仅可以赚到相当不错的收入，既不需要公司补贴薪水，每周还可以存下一点钱来。他和他的前任工作环境完全相同，也在同一家工厂内，工作的对象也完全相同。

"现在我问你们一个问题，之前那位小男孩拉不到更多的生意，是谁的错？是他的错还是顾客的？"

所有在场的销售员不约而同地大声说："当然了，是那个小男孩的错。"

"很好。"赛礼回答说，"现在我要告诉你们，你们现在销售计算器和一年前的情况完全相同，同样的地区、同样的对象以及同样的商业条件，但是，你们的销售成绩却比不上一年前，这是谁的错？是你们的错，还是顾客的错?”

“当然，是我们的错!”所有的推销员都不得不大声回答。

“我很高兴，你们能坦率地承认自己的错误。”赛礼继续说，“我现在要告诉你们，你们的错误在于，你们听到了有关本公司财务发生困难的谣言，因此这直接影响到了你们本来非常出色的工作质量。只要你们回到自己的销售地区，并保证在以后30天内，每人卖出5台计算器，那么本公司就不会再发生什么财务危机了。你们愿意这样做吗?”

大家齐声说道：“愿意!”

后来果然不出所料，那些销售员曾强调的种种借口，如商业不景气、资金缺少等，仿佛统统消失了。

佣工将擦皮鞋的工作做到了完美，他才能赚到不错的收入。因此，无论我们做什么工作，都要下决心掌握自己工作领域的所有问题，使自己变得比他人更精通。如果我们成为工作方面的行家里手，精通自己的业务，就能赢得良好的声誉，也就拥有了成功的秘密武器。

精益求精，尽善尽美，在工作中显得尤为重要。如果每个人都能恪守这一规则，他们的自身素质不知要提高多少!无论做什么事，都力求至善至美的结果，不仅能提高工作效率和工作质量，而且能够树立起一种高尚的人格。

◇ 不要做“差不多先生” ◇

差之毫厘，谬以千里，“差不多”的背后是办事不负责、不认真。在工作中，我们要严格要求自己，时刻报以严谨认真的工作态度，不能凡事“差不多”，不然工作会漏洞百出，给企业带来不可估量的损失。

工作不能“差不多”

人们常爱说的一个词语是“差不多”，其实这个词的背后是办事不认真。在现实中，诸多的不认真所造成的结果却不是我们希望看到的。建设用料不认真，导致豆腐渣工程层出不穷，留下了一片片残破的瓦砾；医生用药不认真，导致病人留下了难以抚平的痛苦，同时也影响了医生的社会形象。事实上，工作环节上的“差不多”就是“差很多”。

1924 年 6 月，著名学者胡适先生在《申报·平民周刊》上发表了一篇针砭社会陋习的讽刺小品《差不多先生传》。

> 你知道中国最有名的人是谁？提起此人可谓无人不知，他姓差，名不多，是各省各县各村人氏。你一定见过他，也一定听别人谈起过他。差不多先生的名字天天挂在大家的口头上。
>
> 差不多先生的相貌和你我都差不多。他有一双眼睛，但看得不很清楚；有两只耳朵，但听得不很分明；有鼻

子和嘴，但他对于气味和口味都不很讲究；他的脑子也不小，但他的记性却不很精明，他的思想也不很细密。

他常常说："凡事只要差不多就好了，何必太仔细呢?"他小的时候，妈妈叫他去买红糖，他却买了白糖回来，妈妈骂他，他摇摇头道："红糖白糖不是差不多吗?"

他在学堂的时候，先生问他："直隶省的西边是哪一个省?"他说是陕西。先生说："错了，是山西，不是陕西。"他说："陕西同山西不是差不多吗?"

后来他在一个钱铺里做伙计，他也会写、也会算，只是总不精细，十字常常写成千字，千字常常写成十字。掌柜的生气了，常常骂他，他只是笑嘻嘻地说："千字比十字只多一小撇，不是差不多吗?"

有一天，他为了一件要紧的事要搭火车到上海去。他从从容容地走到火车站，结果迟了两分钟，火车已在两分钟前开走了。他白瞪着眼，望着远远的火车上的煤烟，摇摇头道："只好明天再走了，今天走同明天走，也还差不多。可是火车公司未免也太认真了，8 点 30 分开同 8 点 32 分开，不是差不多吗?"他一面说，一面慢慢地走回家，心里总不明白为什么火车不肯等他两分钟。

有一天，他忽然得一急病，赶快叫家人去请东街的汪大夫。家人急急忙忙地跑去，一时寻不着东街的汪大夫，却把西街的牛医王大夫请来了。差不多先生病在床上，知道寻错了人，但病急了，身上痛苦，心里焦急，等不得了，心里想道："好在王大夫同汪大夫也差不多，让他试试看吧。"于是这位牛医王大夫走近床前，用医牛的法子给差不多先生治病。不到一会儿，差不多先生就一命呜呼了。

差不多先生差不多要死的时候，一口气断断续续地说道："活人同死人也差……差……差……不多……凡是只要……差……差……不多……就……好了……何……何……必……太……太认真呢?"他说完这句格言，方才绝气。

在各种不值一提的原因中死去是"差不多先生"们必然的命运。一个不认真对待事情的人，只会将事情弄得越来越糟糕。一个工作"差不多"的员工，极有可能为公司带来致命的损失。对照一下当今社会人们的心态，这种大而化之、马马虎虎的"差不多"心态更加普遍存在于今天的职场中。企业中"差不多先生"比比皆是，殊不知正是因为"差不多"，许多企业产品总是被打上二等货色的标签，与一等品差一点，其实是差很多。因为"差不多"心态，工作漏洞百出，产品缺乏竞争力。

一家面粉厂的业务员到小麦产区采购小麦，打听到粮食的价格要1000元一吨，于是马上给老板发电报问："一万吨小麦，每吨1000元，价格高不高?要不要买?"

老板看到电报生气地对秘书说："真是乱弹琴，哪有这么高的价格，现在最高的价格也不到900元，给他发电报，就说价格太高!"

秘书赶紧跑到邮局发了个电报："不太高。"

没几天，业务员带着签订的购销合同回来了，老板莫名其妙，追查原因才知道，秘书发电报时，“不”字的后面少了个句号。如果履行合同势必给公司带来100多万元的经济损失，后来经过多次协商，赔偿对方15万元才算了事。当然这位秘书不久后就被辞退了，而他在当地再也无法找到工作，不得不远走他乡。

你看，“不太高”和“不。太高”不就是差了一个小小的句号吗？可实际结果却相差十万八千里，这位“差不多先生”不背井离乡都不行了。

“差不多”有时会差很远，无论是相差0.1毫米还是0.1秒。竞技场上，冠军与亚军的区别有时小到肉眼无法判断。比如短跑，第一名与第二名有时可能相差0.01秒；又比如赛马，第一匹马与第二匹马相差仅半个马鼻子，差几厘米而已。但是，冠军与亚军所获得的荣誉与财富却相差悬殊，全世界人的目光大多只会聚集在第一名身上。

小张、小王、小赵在同一家广告公司做文案策划。

一天，3人都接到了为房地产公司新开楼盘策划广告文案的任务，接到任务后他们马上开始搜集信息、寻找灵感，以求得到最好的创意。

小张在搜集信息时就不耐烦了：“这个楼盘的相关信息既烦琐又细碎，我估计仅搜集信息就要花费大量时间，与其把时间都花在搜集和整理信息上，还不如先休息几天，凭借我的聪明才智没准一不小心就能找到灵感。”于是，他好好地休息了几天之后，就草草地策划了一份楼盘广告文案准备应付了事。他策划的这份文案读起来令人感到索然无味，完全是在堆砌辞藻，至于文案的创新性和审美性就根本不用提了。这样的文章显然没有利用价值，更不要奢望被房地产公司选中了，广告公司的老板看完之后，随手扔到了废纸篓中。

小王搜集了几天信息之后也感到无聊了，他觉得自己的工作实在是太枯燥了，几乎所有的灵感都在搜集信息中跑得无影无踪，最后他挖空心思也没能思考出一个好创意，不过他还是想："我既然拿了老板的工资，就得把这个文案弄出来，只要差不多就行。"于是，他强迫自己搜集和整理一些重要的信息。在他的努力下，文案终于策划好了，这个文案很真实地反映出了那个楼盘的重要特征，但是看起来总让人觉得缺少一点什么。

小赵从接受任务那天起就开始通过各种途径搜集有关楼盘的信息，而且他还从图书馆借了几本最新的有关房地产广告文案的书学习，然后又向同事、朋友学习以后，凭借自己丰厚的知识累积，很快就找到了策划这个广告的灵感。有了灵感的他马上把灵感用文字捕捉住，又抓紧时间对文案进行润色和加工，最后，他终于在老板规定的期限内完成了这个优秀的创意。他交到老板手上的是一份颇具创意和吸引力并且不失格调的策划方案，老板看完之后马上把这份文案传真到了那家房地产公司，房地产公司对这份文案感到相当满意，当即决定采用。

到了年底，广告公司开除了小张，留下了小王和小赵，不过小王的工资和各种福利待遇都和小赵有着明显的差距。

职场上，我们常听到的一个词语就是“差不多”：做市场调研不细致，“没关系，差不多就行了”；做总结报告不明确，“就这样吧，差不多OK”；执行过程不到位，“差不多就行了”……正是我们有着难以割舍的“差不多”情结，才使得工作结果中充斥着数不清的“不合格”。

员工在工作中应该严格要求自己，能做到最好就不能只做到次好，能完成100％就不能只完成99％。不管你能力如何，都要有做到100％合格的认真意识，坚决摈弃“差不多”思想，和“差不多”划清界限。

“差之毫厘，谬以千里”，差“不多”结果差“千里”，都是毫厘之差，却有天壤之别！在职场上，必须杜绝“差不多”的心态，每个员工都是团队的一分子，如果每个人都“差不多”，累计起来就会差很多了，不仅会导致组织难以获得利润，甚至还会因不慎造成重大事故。所以，拿出深藏在我们内心深处的认真劲，激发和唤醒追求认真、追求完美的主人翁精神，不要再做“差不多先生”。

养成井井有条的工作习惯

海伦是一家企业的推销员，以前她的业务工作做得很好，但最近有些糟糕。在她众多的麻烦中，最突出的一个与在家邮寄信件有关。她曾满腔热忱地给客户写信，刚写时感觉很好，可是没等写完，她就已经兴趣全无，有时是随手放在一边，有时是匆匆结尾。这样一来，本来需要及时发出的信一拖再拖，因为她还没弄清楚客户的地址或者是还没找到邮票和信封，给工作造成了不小的麻烦。

后来，在一次偶然的机会中，她发现了解决方法。以前她所读过的有关管理与“有序化”的文章，都强调书桌的重要性。她没有办公室——更不用说一张书桌了，总以为自己是个例外，但是当她把注意力集中到这些麻烦时，她认识到任何与发信有关的事情都可能使她进入一种狂乱的失落状态。海伦以前曾以为她讨厌付账单与花钱有关，现在她明白了汇集支票本、账单、钢笔和邮票这类东西的后勤工作才是真正的罪魁祸首，因此她决定买一张书桌。

“一张小小的桌子能改变什么呢?”她和朋友说，“它能成为运转家事的指挥中心。书桌上能放信封、信纸、地址、钢笔、铅笔、铅笔刀、邮票、剪刀、磁带……能使一切显得秩序井然。”

鉴于使用一张书桌就给原本混乱的工作带来了如此巨大的变化，她更进一步买了一个档案橱柜，以前堆积在房屋四处的一摞摞文件现在全部分类整齐地归放在橱柜中。海伦说她的问题如此简单地就消失了，现在她不再害怕寄信和付账单了，而且提高了工作效率，有了一种自豪感。

格雷格也找到了一个简单的解决方法。在商务会议的讨论中，格雷格会被要求具体执行一些计划。会议刚一结束时，他有很多很好的意图，但是因为他常常不记笔记，或者即使记了，也只是在一片纸上匆匆画几笔，因而从未实现过他在会上许诺的事。下一次会上，当被问及是否执行了计划时，他只能找一个借口搪塞过去，这使他看起来像是一个丢三落四和缺乏责任感的人。

最终，在遭遇了多次尴尬之后，他采取行动了，他为各种会议设立了一个文件夹，在它的每个夹层中都放入一小叠纸，以便他能够记下所有的任务。他还做出回顾这些笔记的时间表，并养成开会时带文件夹的习惯。写下的东西可以时时提示他任务是什么，执行会议计划也就成了一个简单的习惯。

工作习惯一旦形成，要有所突破是很难的，很容易放弃改变和突破的想法。 而往往正是一些看似很小的不良的工作习惯，反而成了使自己陷入危机的最大原因。

要想改变这些那就从保持良好的工作秩序开始吧！ 工作没有秩序，或者秩序杂乱，没有条理，在乱糟糟的工作环境中东翻西找，你的精力和时间也被毫无价值地浪费了。

芝加哥和西北铁路公司总裁罗兰·威廉斯说过："那些桌上老是堆满东西的人不会发现，如果把桌上清理干净，只保留与手头工作有关的东西，这样会使他的工作进行得更加顺利，而且不会出错。 我把这一点称为好管家，这也是迈向高效率的第一步。"

如果你到华盛顿的国会图书馆参观，就会看到天花板上有几个醒目的大字，那是诗人波普所写的："秩序是防止工作挫败的第一要律。"

无论是在生活还是工作中，秩序混乱的人只会是一团糟，思维和工作都是毫无头绪，更何谈效率。

有些人却把杂乱看作一种工作方式，他们也许认为在这种随意的工作环境中，心情会更放松，那些重要的东西总会在大堆的文件中浮现出来的。 可问题是，在多数情况下，东西越堆越高，物件越杂乱无章，就越可能带来相反的效果。当你不能记起堆积物下层放的是什么东西时，或者你要为一个项目找到所有相关资料时，你就不得不在资料堆里埋头苦找，这样，时间就浪费在找东西上了。

更糟糕的是，随意放置的凌乱东西会随时吸引你的注意力。 当在做某项工作的时候，你的视线也许会在不知不觉中被别人送给你的小纪念品、钟表或者全家福照片所吸引。等你回过神来的时候，你又不得不从头思索你刚才正在做的工作或者写的报告。

工作有条理、有秩序的员工，其办公桌上的公文会减到最少，因为他知道一次只能处理一件公文。当你问他目前某件事时，他可以立刻从公文柜中找出；当你问起某件已完成的事时，他眨眼就能想到放在何处；当交给他一份备忘录或计划方案时，他会很快插入适当的卷宗内，或放入某一档案柜。

工作有条理、有秩序的员工，他的手提箱中并不是旅行所用的东西，而是归类分明、随时要用的公文。其中也许有小说和文具，但绝不是一个废物箱。他的条理性和逻辑性会给上司留下深刻的印象，上司会对他产生信任感，认为他言而有信，这种信任是推动他职场发展的引擎。

工作现场是否整洁，是工作条理化、秩序化的一个重要方面，而杂乱无章的工作方式是一种恶习。有人会想："这是因为我们不想忘记所有的东西。我们把想记住的东西放到办公桌上一堆资料的顶部，这样就可以看到它们。"

花时间来整理一下工作现场是值得的。把办公桌上所有与正在做的工作无关的东西清理出来，把立即需要办理的找出来，放在办公桌中央，其他的按照分类分别放入档案袋或者抽屉里，这样做是提醒你，你现在所做的工作应该是此刻最重要的工作，你一次只能做一项工作，你要把所有精神集中在这件事上，不能让其他工作影响你。

不要因为受到干扰或者疲倦放下正在做的工作，转而去做其他不相干的事情，因为如果此项工作还未结束，就又开始另一项工作的话，办公桌上就开始混乱。一定要力求把手头的工作做完后再开始另外的事情，即使这项工作遇到了阻碍，也要尽量完成到一个再做它时容易开始的阶段。

做完一项工作后，要把这项工作的相关资料收拾整齐，分类放到合适的位置，千万不要胡乱摊放在办公桌上，核对一下剩下的工作，然后去进行第二项最重要的工作。

从办公桌上拿开目前不需要的文件资料，对它们可以按照重要性或先后顺序的原则进行分类。

休闲时的阅读材料，如一些自己爱读的书、杂志、每日的报纸等，最好读完之后就都放入自己的办公柜中，不要将它们摆在面前，以免在工作的时候分心，而且它们还会占据本来就不大的有用空间。

对和业务相关的客户名片，姓名、电话、地址、电子邮件等，一定要分门别类登记放好，以便随时查阅。

每天下班前抽出几分钟把工作现场收拾干净，每天都按照以上的标准进行清理。长此下去，养成习惯，你的办公桌一定会保持整洁，形成好的工作秩序，从而远离工作挫败。

改变不良的工作习惯，建立一个良好的工作秩序，很可能就是你事业反败为胜的关键。

一个高效率的职场人士，最明显的特点就是永远那么从容，办事条理分明，工作有条不紊，既节省了时间，也避免了混乱给自己带来的烦躁而影响到工作的进展。他们总是神采飞扬的原因是良好的秩序为他们节省了许多时间可以用来放松和休息，或者为自己充电。

下篇

细节：魔鬼藏在细节里

PART 01

关注细节：细节是决定成败的关键

事无巨细，一切皆源于此

著名的宝洁公司在刚开始推出汰渍洗衣粉的时候，由于概念新颖，而且宣传到位，所以市场占有率以及销售额以惊人的速度向上飙升。可是没过多久，这种强劲增长的势头就逐渐放缓、下降了。宝洁公司的销售人员都感到非常纳闷，虽然进行了大量细致的市场调查，但是却一直无法找到销量停滞不前的具体原因，公司领导也感到非常头疼。

于是，宝洁公司召集了很多的消费者，举行了一次产品座谈会。在座谈会上，消费者对于产品的评论可谓五花八门，其中有一位消费者说出了汰渍洗衣粉销量下降的非常关键的因素。他带着强烈的抱怨语气，撇着嘴说道："我觉得汰渍洗衣粉的用量实在是太大了。"很快，他的这一说法就得到了大多数消费者的支持和肯定。

宝洁的管理层连忙追问其中的缘由，这位消费者十分认真地说："你看看你们做的广告，倒洗衣粉要倒那么

◇ 细节决定成败 ◇

细节处往往隐藏着通向成功的道路，注重细节的人往往更容易成功。在做人做事方面，我们要认真对待每一个微小的细节处，主动做事，尽量把事情做得细致，做得认真。

长的时间，衣服虽然是洗得非常干净，但是如果要用那么多洗衣粉，整体上可就不划算了。”

听到这番话，销售经理赶快把广告找来并进行现场播放，算了一下展示产品部分中倒洗衣粉的时间，一共花费了3秒钟的时间，整整比别的广告中倒洗衣粉的时间要多了1.5秒，这样就给人一种洗衣粉使用量非常大的感觉。

看似有点无厘头，但是无论你相信与否，就是在广告上这么细小的一点疏忽，对汰渍洗衣粉的销售和品牌形象都造成了非常严重的负面影响。宝洁公司在质量控制、生产流程、安全卫生、工作环境等各个方面都进行了细致的安排，却独独忽视了这一细节，影响了自己的品牌推广和产品销售，给自己造成了不小的经济损失。

无论是对于人还是对于企业，重视细节、把握细节总是会带来意想不到的好处，能让自己在成功的路上更加顺畅，从而尽早抵达成功的彼岸。

成功者善于把握细节

戴尔公司的创始人戴尔 1965 年出生于休斯敦，他在 1987 年成立了戴尔公司。戴尔公司于 1992 年进入了《财富》杂志 500 强之列，戴尔也因此成为其中最年轻的首席执行官。目前，戴尔公司名列《财富》杂志 500 强的第 48 位，《财富》全球 500 强的第 154 位。从 1995 年起，戴尔公司一直被《财富》杂志评选为“最受仰慕的公司”。到 2001 年，戴尔公司名列《财富》杂志 500 强的第 10 位。戴尔能够取得如此成就，与他善于把握细节是密不可分的。

戴尔在年轻的时候就是一个非常注重细节，尤其是注重自己形象方面细节的人。当然，这并不是说他特别爱美，而是他能够清楚地认识到，在这个充满激烈竞争的商业社会中，人与人初次见面、一开始的交往，很多人都是根据对方的衣着来判断其实力的，良好的自我形象可以为自己赢得成功的机遇。因此，他定做了三套非常考究的西服，然后，他又买了一整套材质非常好的衬衫、领带、吊带等。

而其实这个时候，戴尔的债务已经达到了600美元。也就在此时，戴尔开始了自己人生的第一次创业。

每天早上，戴尔都会穿上一套非常整齐的衣服，在一个固定的时间、固定的街道同某位富裕的出版商“邂逅”。戴尔每次都非常优雅地微笑着和他打招呼，偶尔还会聊上一两分钟，出版商对戴尔也就渐渐地熟悉起来。

这种例行性的会面、谈话大约进行了一个星期。一个星期之后，出版商开始主动与戴尔示好，和他搭话聊天：“先生，你看起来可是混得相当不错哦。”戴尔还是很优雅地微微一笑。

接着，出版商便很想知道戴尔现在从事的是哪种行业。因为戴尔身上所表现出来的这种非常优雅、沉稳、快乐、淡定和极有成就的气质，再加上每天一套不同的新衣服，已经引起了这个出版商极大的好奇。当然，这正是戴尔盼望发生的，一切都在他的掌握中。

戴尔微笑着，很轻松地告诉出版商：“我现在正在筹备一份新杂志，在近期内打算出版。”

出版商听了，很开心地说：“我就是从事杂志印刷及发行的。也许，我也可以帮上你的忙呢，咱们改天可以详细聊聊。”

这所有的一切正是戴尔所期待的。

三天后，出版商邀请戴尔到他的俱乐部，和他共进午餐，在咖啡尚未送上桌前，他很努力地“说服”了戴尔答应和他签合约，由他来负责印刷以及发行戴尔的杂志。戴尔甚至“答应”他提供资金并不收取任何利息。

创办杂志所需要的3万美元资金都是通过戴尔的良好形象换来的。

其实，每一位伟大的成功者总是善于把握一些看似不起眼，看似微不足道的细节，戴尔包装自己的行为看起来似乎有些冒险，实际是他整个计划中的一个重要环节。他从包装自己、提升自己的形象着手，到计划的完善实施，可以说是环环相扣，计划得以顺利实施，最终他如愿以偿。

我们能从这则故事中得到一些什么样的启示呢？那就是：我们的人生，我们的生活，都需要我们有一颗仔细、认真、细腻的心。只有认真，只有用心，才会注重细节，才会赢得机遇，才会取得成功。如果不用心，那么你连细节都发现不了，就更别提其他的了。细心地抓住每一个细节吧，这样才能让你获得更多机遇，让你的人生更快乐，更精彩。

留心细节，一切皆有可能

在当今快节奏的社会生活中，很多人每天都匆匆忙忙地为生活打拼，往往忽视了那些细节，同时也错过了通向成功的道路。

于晓峰在一家大型外贸公司当部门经理，他是一个做事非常认真负责、一丝不苟、非常注重细节的人，就是因为他具有这个优点，所以当初才能够顺利进入这家公司。于晓峰在上大学的时候，就来到了这家公司实习，与他一起来的还有他的几个同学。由于公司实力雄厚，在业内的知名度非常高，所以在实习前，就有人向于晓峰透露，要想通过短短的实习为跳板进入公司几乎是不可能的事情。公司让他们进行实习只不过是想要利用他们廉价的劳动力而已。

正式来到公司实习的那天，有关负责人向于晓峰和他的同学们介绍了部门的成员以及于晓峰和他的同学们的分工。由于同学们不知道能不能留下来成为正式员工，所以很多同学就抱着做一天和尚撞一天钟的态度，整天可谓无所事事，给人一副吊儿郎当的印象。而于晓峰呢，却总能够主动做事，而且做得非常细致，非常认真，跟着同事跑银行和商检交单，到海关报验，即使是在大热天，乘着非常拥挤的公共汽车去也是毫无怨言。他努力提高自己的业务水平和业务能力，增长了不少见识。于晓峰认为，自己多跑一个地方，哪怕只是一个简单的交接单的过程，自己就可以多熟悉一下这个工作的环节，对以后的工作是有莫大的帮助的。即使是在工作中出了差错，在请示老师、请示前辈之后，现场或以后改正也都是一个学习的大好机会，对于自己以后的工作、发展都是非常有帮助的。

在这家大型外贸公司里，有一个老业务员老杜，于晓峰其他实习的同学都跟着老员工喊他“老杜”，而只有于晓峰一直都非常尊敬地称他为“杜老师”。有好几次，老杜接国际长途，于晓峰就坐在一边认真地、仔细地“旁听”，细心地揣摩他是如何同外商交谈、沟通的。有的时候则默默地给老杜递一支笔，或者是记录一些数据。这些小小的细节既给老杜带来了工作上的便利，同时也表现出新人对前辈的尊重。因此，老杜对于晓峰非常满意，在最后给于晓峰及他的同学填写实习成绩的时候，老杜给于晓峰的实习成绩是优秀。因为这些不起眼的细节，于晓峰把不可能变成了可能，最终成功地留在了公司。

有这样一句古话，“我们做人一定要不拘小节”，不过这是针对做事情的决策力和判断而言的，而具体到实施阶段、行动过程，我们一定要认真对待其中的每一个微小的细节和步骤，尽量做到精益求精。只有这样，我们才能在事业上，在人生中，拥有质的飞跃，越来越接近于成功。

从细节入手，认真分析形势

著名清军将领曾国藩带湘军镇压太平天国时，朝廷对他有一种极为复杂的态度：如果不用这个人，太平天国声势浩大，无人能敌；如果用这人，一则是汉人手握重兵，二则曾国藩的湘军是其一手建立的子弟兵，担心其手握重兵会对朝廷构成威胁。所以，朝廷在对曾国藩的任用上经常是用其办事，但是不给高位，也不予实权。苦恼的曾国藩亟须朝中重臣为自己说话，证明自己的爱国之心，以消除清廷的疑虑。

机会很快就来了，那天曾国藩在军中得到胡林翼转来的肃顺密函，得知这位精明干练的顾命大臣在慈禧太后面前举荐自己出任两江总督。曾国藩非常高兴，此时咸丰帝刚去世，王子年幼，顾命大臣虽说有数人，但实际上是肃顺独揽权柄，有他为自己说话，再好不过了。

曾国藩立刻提笔想给肃顺写封感谢信。但刚刚写了几句，他就停下了。他知道肃顺为人刚愎自用，目空一切，用现在的话来说，就是有才气也有脾气。继而他又想起慈禧太后也绝不是平庸之辈，以曾国藩多年的阅人经验来看，慈禧太后心志极高，且权力欲强，又极富心机。肃顺这种专权的做法能持续多久呢？慈禧太后会同肃顺合得来吗？答案在他的脑中越来越清晰起来。

思前想后，曾国藩还是没有下笔写这封信。后来，肃顺被慈禧太后抄家问斩。在众多官员讨好肃顺的信件中，独独找不到曾国藩的只言片语。

这是怎样的人生智慧？看起来几乎不可思议，但是，曾国藩作为一世枭雄，自有他独到之处，那就是他做任何事情之前，都要冷静地进行分析，这也正是我们应该学习的地方。从每一个小细节里拼接推理出将来可能的发展，将各种利弊考虑在心，经过深思熟虑再行动，这样最后得出的结果就是免去了很多不必要的麻烦，让自己不至陷入悲惨的境地里。

PART 02

认真工作：细节成就完美

注重细节，把事情做得有条不紊

我们常说，磨刀不误砍柴工。的确，不要怕花费自己的精力，注重细节，经常花一点时间梳理一下自己的生活、自己的思绪，会帮你节省更多的时间和精力，会让你做事更加有效率，而扩大到社会层面，注重细节，做事有条理，其带来的效益更是不可估量。

河豚深受日本人的推崇，日本人都非常喜欢吃河豚。河豚的肉质非常细腻，味道绝美，但是我们都知道，河豚带有非常强的毒性。在烹调的过程中，处理稍有不慎就会使食用的人遭遇生命危险。但是，我们必须看到的是——因吃河豚而中毒的日本人却很少。难道是日本的河豚没有毒性吗？还是日本人在烹调河豚的过程中有什么样的高招呢？

的确，在日本，对河豚的加工程序是有着极其严格的要求的，一名刚上岗的河豚厨师至少要有两年以上的

◇ 在细节处要多留心 ◇

细节处藏着魔鬼，所以我们要在意每个细节处。重视并把握好工作中的每一个细节，才能保证自己的工作有条不紊地进行，从而保证整个工作保质保量地完成。

助理实践经验，才会被准许为客人烹调美味的河豚。而且在河豚加工的实际操作过程中，专业的厨师至少要用30道的工序来去除河豚身体里的剧毒，即使是最熟练的厨师，也要花上将近半个小时的时间才能完成去毒工序。然而在中国，由于有些厨师麻痹大意，不注重细微的小节，总是抱着侥幸的心理，不够负责，所以加工的过程也是随随便便，烹饪的过程更是没有严格的工序要求和标准，因为河豚的毒素没有去除干净而造成中毒的事件经常发生。

由于河豚的加工程序过于复杂，有些人曾经试图将加工河豚的30道工序进行一下简化，但是无数的事实证明，这30道工序绝不是平白无故地杜撰出来或者故弄玄虚而做出来的。少去几道工序也许未必会吃死人，但是，粗糙的工序会使食用河豚的安全性大打折扣。从这一点来说，注重细节就是要求标准化，要求严格的程序化，从而把事情做得更加有条理，更加成功。

注重细节，把每一个微小的细节都要做好、做到位，这样才能保质保量地完成工作任务，才能不断地接近成功。

忽视细节，工作陷入一团糟

在我们的实际工作中，工作被细分到了很多流水线、很多程序来完成，所以每一条流水线、每一道程序都必须能够保质保量。这就要求我们——每条生产线、每一道程序的实施者都要认真负责，把握好每一个微小的细节。因为，也许一个小小的细节差错都有可能对其他流水线、其他程序生产造成巨大损失，使整个产品流程、整个工作陷入一团糟。

王晓北和牛峰健在一家超市的仓库当货物管理人员。他们刚来超市上班的时候，部门经理就曾告诉他们："对于超市里商品的陈列一定要认认真真，绝不能忽略任何微小细节上的调整，为的是方便以后的查检。"王晓北非常认真地听着，并把经理所讲的规范真真正正地落实到了自己的实际工作中，将货物陈列得井然有序，看起来非常舒服，非常完美，让人能够一目了然；而牛峰健呢，则把经理的话当作了"耳边风"，他所管理的那些货物总是乱糟糟的，而且为了省时间，他陈列的货物也是随意性非常大，忽略了许许多多的细节，常常是漏洞百出，错误一连串。

每当要提货的时候，王晓北总是按照清单，很快就找到了要找的货物，并将这些货物整整齐齐地搬运到车上，货物一件也不缺。而看看牛峰健，提货的时候总是在库中东奔西跑，累得满头大汗，结果还找不全所要的货物——不但效率低下，还常常碰坏不少货物。所以，没过多久，王晓北就被提升为仓库主管，而牛峰健却被解雇了。

人们常说，生活就是一面镜子，你如果对它微笑，它也就会对你微笑；而如果你对它愁眉苦脸，它也绝不会对你笑脸相迎。努力去关注、改善自己生活中的每一个细节吧，这不仅是为了别人，更是为了自己。只有把握好每一个细节，才能保证自己的工作有条不紊地进行，才能保证整个工作保质保量地完成。

责任体现在细节之处

责任是一个人安身立世的基础，一个没有责任心，不愿意对生活、工作或其他任何一件事情负责的人是无法取得别人的信任与肯定的，会被看作是没有诚信、没有任何信用度可言的人。尤其是在如今高度商业化的社会，一个没有责任心、没有责任意识的人几乎是寸步难行。而一个人的责任感是逐渐培养起来的，它就蕴藏体现在细节之处。

有这样一个相貌平平的女孩，她在一所非常普通的中专学校读书，成绩也很一般。在她得知妈妈患了不治之症之后，整个人非常伤心、非常沉闷。但是几天之后，她意识到，这是没有用的，伤心不能解决任何事情，她必须振作起来，减轻一点家里的负担。她希望利用暑假两个月的时间挣一点钱。

这个女孩到一家韩国公司去面试，韩国经理见惯了本科生、研究生简历，看了她的履历表，简直对她嗤之以鼻，于是面无表情地拒绝了。女孩收回了自己的材料，用手掌撑了一下椅子准备站起来，忽然觉得自己的手被扎了一下，立刻低头看了看，手掌上面沁出了一颗红红的小血珠，原来椅子上面有一只钉子松动了，冒了出来，看样子这颗钉子早就出来了，难道前面的人都没有看到、没有感觉到吗？她感到有些奇怪，下意识地去寻找能够修理它的东西。她见桌子上有一条镇纸石，于是拿来用它将钉子轻轻地敲平，然后转身离去。令她感到惊奇的是，还没等她走出这家公司的大楼，那名韩国经理却派人将她追了回来，通知她被聘用了——因为从刚才的细节之中，他明白这个女孩是一个非常细心、认真、有负责心、充满热情的人，而这正是公司所需要的员工。

我们的一举一动，都被别人看在眼里，他们总会从心中给我们一个评价。我们要明白的是，我们在意的每一个细节，都体现了我们的责任心，都会得到别人的认可与肯定。

遵守公司规定，展示严谨自我

在办公室里，往往会有一些规章制度挂在墙上或印成小册子，人手一本。作为一名职员，应该熟记这些规章制度并要时时刻刻提醒自己去遵守。

公司制度是确保企业健康运行的法则，如果法则遭到破坏，就会影响员工的心理，就会扰乱公司的正常秩序，就连企业的健康发展都会受到影响。所以制定严格的公司制度，有利于公司的正常运行。

世界上最大的护肤品和彩妆品直销企业之一的老板玫琳凯在阐述她的做法时说：“我每次遇到员工不遵守纪律时，都采取一种与他人十分不同的处理方法。我的第一个行动，是同这个员工商量，采取哪些具体措施以改进工作。我提出建议并规定一个合情合理的期限。这样，也许会获得成功。不过，如果这种努力仍不能奏效，那我必须考虑采取对员工和公司可能都是最好的办法。当我发现一个员工不遵守纪律、工作老出差错时，就决定不要他！因为遵守纪律没商量。”

对于企业来说多关心员工的思想只是一个小点，在现代社会中，关心员工是必需的，但绝不是良药，真正的管理方式，需要科学的制度和良好的激励机制！ 遵守公司的规章制度是每一个员工的责任和义务，公司有权利保证其得以贯彻落实，任何企业一旦发现有员工违反规定，就应该让其受到相应的惩处，不能轻易姑息迁就。 负责任是一种工作态度，不负责任也是一种工作态度，作为企业的一名员工，当你违背了公司的规定但却没有足够的理由解释时，形式上的惩罚并不能掩盖你对自身责任的漠视。

对于刚进入公司的许多职场新人来说，公司的规章制度不是最主要的，他们更关注的似乎是公司的工资福利和可用资源，如休假、医疗保险、出差标准及补贴、年终奖金发放等等。 应该说，作为工薪一族，你关注这些没错，而且是应当的，不过，作为一个职场新人，你光关注福利待遇方面的东西还不够，还必须了解公司在劳动纪律、奖惩等方面的各种规章制度。 因为员工进入企业后，便成为企业的一部分，企业要发展就必须协调好每一部分的工作，只要是具备一定管理水平的公司，在对新员工进行职前培训的时候，都会全面地介绍公司的各种规章制度，为的就是要加强员工对本职工作的责任心。

雅丽进入一家外企不久，这天下午她有些发困，于是到咖啡间用纸杯给自己冲了一杯咖啡。喝完之后，她把纸杯扔到垃圾桶里。雅丽用纸杯冲咖啡的事被人看见了，于是，下班之前她的上司把她叫了过去，说喝咖啡的纸杯是专供客人使用的，公司员工喝咖啡只能自备杯子。如果她下次再用纸杯喝咖啡，就按规定罚款，从薪水里扣。从上司的办公室出来，雅丽实在不理解，就这么一个几分钱的小纸杯，为什么要这么小题大做？

的确，在雅丽这样的新职员看来，一个纸杯子没什么大不了的，也不值钱，上司完全没有必要把此事看得那么严重。但是，从上司，从整个企业的角度来看，事情就不是这么简单了，因为一个小纸杯代表着公司的规章制度，绝不是可以随意忽略的小事。

俗话说：无规矩，不成方圆。其中深意值得每个企业和员工认真思索，员工的责任心是一点点培养出来的，是需要个人与企业的共同努力。现在，让我们来看一下关于一个海盗的故事吧！

在罗伯茨的海盗生涯中他总共抢劫了四百多条船，他有着非常复杂的人格内涵。

首先和别的海盗不一样的是，他从不喝烈酒，只喝淡茶。他还是一个非常注重章程的人，有一份他制定的船规是这样写的：

1. 对日常的一切事务每个人都有平等的表决权。

2. 偷取同伙的财物的人要被遗弃在荒岛上。

3. 严禁在船上赌博。

4. 晚上 8 点准时熄灯。

5. 不佩带不干净的武器，每个人都要时常擦拭自己的枪和刀。

6. 不许携带儿童上船，勾引妇女者死。

7. 临阵脱逃者死。

8. 严禁私斗，但可以在有公证人的情况下决斗；杀害同伴的人要和死者绑在一起扔到海里去(皇家海军也有类似规定)。

9. 在战斗中残废的人可以不干活留在船上，并从“公共储蓄”里领800块西班牙银币。

10. 分战利品时，船长和舵手分双份，炮手、厨师、医生、水手长可分三又二分之一份，其他有职人员分一又四分之一份，普通水手每人得半份。

其实，在其他的海盗船也有类似的规定，但执行起来没有他这么严格。正是因为这种行为和纪律，他获得了“黑色准男爵”的绰号，也赢得了不少人的尊重，这份海盗的“十戒律”用后世历史学家的话说洋溢着“原始的民主主义”。

罗伯茨的规定也就是所谓的“盗亦有道”。对于一个海盗来说，都有如此严格的规章制度，那么对于一个公司，一个企业来说，任何一个细小的规章制度都是不容忽视的，员工更应该去自觉遵守，否则，任何后果只有自己来承受。

有一位重点大学的高才生应聘来到了一家国内大型的传媒公司。虽然公司的规章制度中明确规定：公司任何员工在夏天上班时间不得穿着休闲短裤和拖鞋等，但他依然时常违反规定，穿着这一类衣服在公司中公然走来走去。

公司主管多次警告他一定要注意遵从公司着装的礼仪，否则会影响公司对外的形象。但他心想：“我只要有能力做好自己的本职工作就行了，至于穿衣那是我个人的私事，别人无权干预。”于是，他依然我行我素，不久之后，他接到公司经理打来的电话，通知他已被公司解聘。

他心中十分懊恼，气冲冲地跑到经理室来理论，没想到经理很平静地解释道，解雇他，不是因为他的能力，而是因为他始终不能遵从公司的规章制度，尤其是着装，因为公司绝对不允许一个不遵从公司内部规章制度的人存在。此时，他才真正意识到被解聘是自己不遵从公司纪律付出的代价。

要知道，作为一名员工，既然通过应聘、面试来到了这家企业，就要自觉地遵守它的企业文化、规章制度，也就是要遵循所谓的“游戏规则”，如果不遵守游戏规则的话，就要被踢出局了。

追究根源，任何一位遵守组织纪律的优秀员工，一定是一个对自己负责的人，是一位善于自律的人，是一位能够自我管理的人。

服务于英国警界30多年的尼格尔警官的自律精神很值得学习。无论是在工作上，还是生活上，他都是一个严于律己的人。有一次，他的母亲在公园散步时擅自摘取花朵，作为帽饰，当他发现后毫不留情地把母亲拘控了。不过，罚款定了以后，他立刻替母亲交付了那笔罚款。他解释说：“她是我的母亲，我爱她。但是她犯了法，我有责任像拘控任何犯法的人一样拘控她……”

一个缺乏责任感的员工，是一个什么都做不好的员工。只有能够严于律己的人，才是能够遵守一切纪律的人，也才是现代企业所苦苦寻求的那种视服从纪律为生命，拒绝一切借口去执行的优秀员工。只有我们每个人都意识到自己的责任，承担起自己的责任，我们所在的企业才有可能会变得更加强大，我们的人生才会更加精彩。

纪律如果没人遵守就形同虚设，纪律是事业成功的保证，一个员工只有遵守纪律，才能在企业中得以生存和发展；纪律也是有限制的行为规范的准则，虽有一定的限制，但你要知道绝对的自由是不存在的；一个企业有了遵守纪律的员工，才能有强大的凝聚力、战斗力和进取精神，遵守纪律的员工的工作才能做到有章可循、有的放矢。所以无论企业发展还是一个人成功，都需要纪律，而且必须是无条件地，没有任何借口地服从这些纪律！

PART 03

积累财富：财富藏在细节中

小窍门做成大生意

所谓“麻雀虽小，五脏俱全”，任何一个小生意都包含生意场上的流程。而且，小生意有更大的灵活性，只要做好了，同样能像滚雪球一样成为一门大生意。

很多年前，一个人寿保险公司年轻的销售员，由于无法说服某一家客户投保，心情烦躁。但不久他从烦恼中获得灵感，那就是向企业经营者建议，不直接以个人为投保对象，转而以企业为对象。如果以企业为投保对象，就可能因为经营方式的改变，赚取比保险费高几倍的利润。

他决定把这个想法付诸行动，立即着手以不同的方式推销。他所选择的第一个客户，是市内最有代表性的餐厅。他对餐厅老板说：“贵餐厅的料理非常符合标准，客人也吃得放心。我建议你不妨大力宣传，强调在这家餐厅吃饭可以免除疾病，增强健康。”

老板听了以后说：“确实是这样，今后我还准备多推出几道健康料理。”“太好了。”推销员说，然后就说明了他的想法。初步讨论下来，他们拟订了一种特殊风格的保险菜单：对经常光顾这家餐厅的人，以每人保1000美元的寿险作为服务。餐厅老板兴趣浓厚，两人还着手商量了有关细节，很快，一种新的险种就出现了。

保险菜单推出后不久，餐厅的生意果然越来越兴隆，那个做寿险的年轻人自然也有了不少的收益。后来他把这主意又推广到加油站和超市。

如今，生意主要做的是创意，只要注意仔细观察，认真策划，一定可以开创一番新天地，在竞争激烈的商品社会争取自己的一片天地。

追求细节，不乱花一分钱

中国人一直都接受这样的教育：好钢用在刀刃上。花钱也是如此，在必要的方面，千万不要吝啬；在不必要的事情上，即便花钱不多，也要慎重。很多商场促销就利用了这方面的心理：买一送一。乍一看上去，你不仅买到了你要的商品，而且还获得了额外其他用途的商品。其实，赠送的大部分都是你暂时用不着的物品，是一种浪费。

所以，真正的成功者，总是保持清醒的头脑，对自己的资金有一个清醒的认识，追求细节上的安排，而不是因为资金充裕而大手大脚。

福特是世界级的大富豪，可是他从来不浪费任何一分钱。杰克是一家报社的普通记者，有一次为了采访福特，杰克特地提早到达福特将要去的大酒店。没过多长时间，福特便和几位身份显赫的企业家走了进来。为了不打扰福特，杰克准备等福特身边的企业家走了以后再进行采访。

两个多小时过去了，杰克看到福特拿着一张账单走了出来，对服务员说：“小伙子，你看看是不是你们算错了，上面有一些误差，你算算看。”

服务员看也不看就对福特说：“先生你好，这个账单应该没有错吧！我们都算过两次了。”“小伙子，你再仔细算算，如果你没有时间，我可以在这儿算给你看，咱们一起核对一下。”福特继续说着。这时，那些和福特一起来的企业家已经站在酒店门口等着他了。

服务员看福特认真的样子，对福特说：“好吧，我再算一次吧！”几分钟后服务员说道：“先生，是有一些误差，不过问题不大，因为我们没有准备太多的零钱，所以多收了你20美分，我们都认为像您这样的大企业家，应该不会太在意这20美分。”

福特笑着对服务员说：“刚好相反，对于其他人来说，也许不会在乎这20美分，但是，对于我来说，1美分都不能浪费，是我的我一定要回来，所以请你找给我。”

服务员没有办法，只得找了20美分给福特，福特也如愿地走了。服务员看到福特已经离去了，低声地说：“没想到像他这么有钱的大富豪都会在意20美分，真小气。如果是我20美元我都不在乎，现在怎么还会有这样的人。”

这句话刚好让记者杰克听到，于是他对服务员说：“不，小伙子，你错了，他不是一个小气的人，相反的，他非常的慷慨。你看看这份报纸，他昨天才给一家慈善机构捐赠了1000万美金。”

服务员看过报纸后，不明白为什么舍得1000万美金的人，会在朋友面前在乎20美分，于是对记者杰克提出疑问。杰克回答道：“因为他懂得认真对待属于自己的每一分钱，在他的心里，1000万美金赠予和20美分的收取同样重要。”

真正的商人把钱看作投资的利器，而不是普通的可换取商品的符号。因此，他们并不因为钱少而忽视它，因为在他们看来，所有的钱都是一个机会，而机会是不能轻易放过的。

请注意，普通人也要理财

很多人认为理财是有钱人的事情，自己没什么钱，所以就不需要理财，其实这种观念是错误的。尤其是许多工资水平没有达到自己理想程度的年轻人，觉得自己每月的固定收入应付日常生活开销就差不多了，何来余财可理呢？事实上，只要你有收入，有现金流动，就应该学会理财。问题的关键在于你的理财意识有多强，而不在于你的财富有多少。其实，越是钱少的人越需要理财。

假如你身上有 10 万元，但因投资失误，造成财产损失，很可能立即出现危及你的生活保障的诸多问题。但如果你是拥有百万、千万、上亿元“身价”的富人，损失 10 万或者 20 万，并不会影响你原来的生活。因此，必须树立一个观念：不论贫富，理财都是伴随人生的大事，在这场“人生经营”的过程中，愈穷的人就愈输不起，因为你的生活成本比富人要大——这一点很多人没有意识到，因此，要严肃而谨慎地去看待理财问题。

人生的旅途中，我们随时可能遇到各种风险：生病、失业、意外伤残等等。当人生的严冬来临的时候，更多的人是依靠自己和家人曾经的储蓄或保险补偿来渡过难关的。可见，理财就是给自己和家人准备过冬的粮食。

在我们身边有一种人，时而抱怨物价的高涨、工资收入太低，时而又自怨自艾，恨不能生在富贵之家，他们非常轻蔑理财的行为，认为是追逐铜臭的“俗事”。其实，这些人都陷入了矛盾的逻辑思维——他们深切体会到金钱对生活影响之巨大，却欺骗自己，不屑于去追求财富的计划和聚集。

工薪阶层不论收入多少，都应先将每月薪水的30%用于投资理财。例如，最简单但收益较小的方法：存入银行。如果保持“不动用”“只进不出”的状况，就算把钱放在银行也能为你聚敛财富打下一个基础。所以“滴水成河，集腋成裘”的力量是不可忽视的。

切勿忽视小钱的力量，就像鲁迅说的那样，时间就像海绵里的水，只要愿意挤，总还是有的。钱财也是如此，只要懂得充分运用，时间一长，其效果是潜移默化的，结果自然让人吃惊。我们现在可能并非腰缠万贯，但只要我们能够把我们的钱合理计划，用心经营，终有一天也能加入富人的行列。问题的关键是，我们要有一个清醒而正确的认识：投资理财不是有钱人的专利，从现在开始，认真对待你手中的每一分钱。

不要再把理财看成有闲钱的富人的专利，跳出这种老套思维，从现在开始学习怎样理财吧。总有一天，你会体会到成功者的乐趣。

灵活掌握，细心经营

商场如战场，商场上也是风云变幻，关键时刻更要细心分析，否则，很可能会一着不慎满盘皆输。因此，经营者要分清事情的轻重缓急，灵活掌握，才能在商海里畅游。

20世纪80年代，香港巨商李嘉诚就有吞并香港码头九龙仓的意图，虽然那时李嘉诚已经坐上了香港首席富豪的宝座。可当时他的实力和声誉还都比不上船王包玉刚，所以李嘉诚心里一直没有底。因为在他有意吞并九龙仓的同时，船王包玉刚也想吞并九龙仓，好为自己减船登陆后打好基础，做好准备。李嘉诚对此忧心忡忡，他得为自己想一个好办法。

事实对李嘉诚非常明显，如果他收购九龙仓，就会遭到九龙仓故主怡和集团的强力抵抗，收购将会给李嘉诚带来重大的损失。以后，还有可能和包玉刚有不可预测的激烈竞争，这样自己说什么也不可能得到胜出的机会，如此争夺下来，自己得不偿失。

当时在华人商界，论实力，论与银行业的关系，能与怡和抗衡的，非包氏莫属，况且，现在包玉刚又有意于九龙仓。李嘉诚经过再三思索，权衡利弊得失，毅然决定把球踢给包玉刚，猜测包玉刚得球后还会奋力射门——直捣九龙仓，并且他还会欠自己一个人情，以后办事也会容易得多。

事情的发展和李嘉诚想的一样，当他把九龙仓的1000万股股票转给包玉刚后，他得到了丰厚的利润和包氏企业的感激。

他把自己原来以10～30元价买的九龙仓股票以30多元的价格转手给包玉刚后，仅此一项就获利数千万元。更重要的是，他可以通过包玉刚的关系，从汇丰银行那里承接和记黄埔的股票9000万股，并成为和记黄埔的董事会主席，可谓是名利双收。

在这个著名的商业案例中，“芝麻”是李嘉诚原来以10～30元价买的九龙仓的股票；“西瓜”是以30多元的价格转手给包玉刚九龙仓股票，获利数千万元，还有从汇丰银行那里承接和记黄埔的股票9000万股，并成为和记黄埔的董事会主席。

李嘉诚是香港的商业之神，所以自然有其独到的商业手段和眼光。我们普通人不要求有像他那样的头脑，但至少要具有细心的品质，这样在经营上才不至于因为粗心大意而有所损失，也不因眼前的小利而放弃更大的利益。

细心探路，步步为营

做生意最忌讳的就是总想着一步登天，一下子就做得很大，这是不符合实际的。除非你有技术值得投资公司注资。否则，就老老实实地一步一个脚印往前走。细心探路，步步为营，方为上策。

美国有一位大富翁名叫辛普洛特，他的发家经历是由三个阶段完成的，而每个阶段都是踏踏实实地围绕平常的土豆做文章，但是正是因为这种细心的精神，他才取得了这么大的成功。

第一阶段是在第二次世界大战期间。辛普洛特获知作战部队需要大量的脱水蔬菜，他认准了这是一个绝好的赚钱机会，便买下当时美国最大的一家蔬菜脱水工厂，专门加工脱水土豆供应军队，就这样他赚到了第一桶金。

第二阶段起始于20世纪50年代初。当时有家公司第一个研制出了冻炸土豆条，但许多人说："土豆中水分占

3/4 还多，假如把它冷冻起来，就会变成软乎乎的东西。”辛普洛特却认准这是一种很有潜力的新产品，随后冻炸土豆条成为他赢利的主要来源。后来，辛普洛特进一步发现，“炸土豆条”时，每个土豆大概只有一半得到利用，余下的通常都被扔掉。辛普洛特想，为什么不能把土豆的剩余部分再加以利用呢？不久，他把这些土豆的剩余部分用来做牲口饲料，这一想法让他的口袋渐渐鼓了起来。

1973 年石油危机爆发，成就了辛普洛特的第三次创业。他瞄准替代能源发展的大好时机，他用土豆制造酒精为主要成分来制造燃料添加剂，这种添加剂可以提高辛烷燃烧值和降低汽油的污染程度，这很受用户欢迎。为了做到物尽其用，辛普洛特又利用土豆加工过程中产生的含糖丰富的废水灌溉农田。就这样，辛普洛特踏踏实实地利用土豆构造了一个庞大的资本帝国，通过土豆的综合利用，每年取得的利润竟高达 12 亿美元。

所谓心急吃不了热豆腐，说的就是这个道理。在商业经营上，一定要有耐心，在时机不成熟的时候，千万别急于出手，否则会带来后悔终生的错误。

精打细算，理财重细节

理财是个非常热门的话题，自从经历了2008年年底的经济危机后，我们都认清了这样一个事实：关键时刻，谁也靠不住，还是要自力更生。那么，我们要怎样做才能成为理财的高手呢？

不少人一天到晚都在琢磨着挣钱的方法，盘算着怎样才能发财。而且社会上的一种普遍的感觉就是：富人的“钱途”总是一帆风顺，而穷人总是举步维艰，屡经坎坷，其实，这只是一种表象。穷与富的奥秘就在于你是否掌握了方法开发你“财智”的潜能，去争得自己“钱途”中的地位，从而聚敛自己的财气。

无论太平日子还是非常时期，我们大多数人每天都过着柴米油盐酱醋茶的日子。活在当下是不假，但也要考虑到以后，这也是能很好地居家过日子、细水长流的关键，但要做到持家有道，就要先念好理财经。在经济上，很多人都知道这个道理“该花的花，不该花的不花”。但是具体到什么叫该花和不该花，这个“度”大多数人无法把握。因为花钱会给人带来快感，所以，在人的心中往往把“该花”的范围膨胀了，而不该花的被死死地按在了墙角。这种可以避免但在生活中却不经意超出预计花出的钱究其缘由有以下几种：比如想显示一时的豪气而大把花钱，挣足了面子，却花费了银子；顾及在熟人面前的面子而出手阔绰；追求太多的享受和相互的攀比来打肿脸充胖子……这都是人性丑陋和脆弱的一面，难以一时改变。为了避免这些，我们需要适当的理财。

要想成功致富就必须懂得存钱，不懂存钱的人，成功的种子一定不会落在他们身上。

一般而言，理财规划可以仿照我们在改善身体健康状况时区分，分为四个步骤：

1. 检查

首先，要建立一个财务健康的档案，汇集并且整理出个人和财务方面的资料。财务资料通常包括你的资产和负债、最近的纳税记录和资料、每月收入及生活费用的明细表、个人和公司退休计划及资料、各种保险的保单和其他有关遗产安排的文件。个人资料应包括自己和家人的所有资料、各个阶段的目标、目的和能够容忍的风险限度。

2. 诊断

这个步骤是分析已汇集、整理好的资料，确定自己的长处和弱点。这时通常是用一些理财的概念和原则来审视你的财务状况。

例如，你是否有足够的现款以备不时之需？够不够 3 至 6 个月的生活花费？你是否负债累累？是否入不敷出？你的投资是否与阶段性的目标相符？ 根据你的个性和风险忍受度，是不是做了不合适的投资？ 凡此种种，都该在这个步骤中弄清楚。

3. 处方

在这个步骤中，你该根据上个步骤的诊断情形，采取一些必要的做法，将你的财务状况导向健康。

例如，如果你的财力已不允许套牢的股票继续赔钱，就必须忍痛“割肉”，谋求东山再起的机会。 或者你可能会发现，由于对原来的房子进行了装修，以前房产投保的保险额已经不够，就该增加保额。

4. 观察

你应该定期地检查你所拟订的理财计划，譬如说每年一次，并根据主、客观环境的改变，做出适当的计划调整。 定期观察，同时也可以比较执行的结果是不是与预定的目标、目的相符，并做必要的调整。 通过这四个步骤，一般人都应该能妥善地对自己的财务状况做出很好的规划。

一个人有了投资就会有回报，这种回报就是财源。 财气的盛衰，财源的大小，会存钱是根本，投资的方式是关键。人生在少年及老年期，由于没有工作能力，支出必然大于收入。 至于壮年期，工作能力正旺，并懂得为将来(老年期)做出打算，故收入和储蓄相应增加，所以其投资策略也须做出相应的调整。

修心 修性 修行

人生三修

人生境界

宋犀堃 编著

成都地图出版社

图书在版编目(CIP)数据

人生境界 / 宋犀堃编著. -- 成都 : 成都地图出版社有限公司, 2019.12(2021.2 重印)

ISBN 978-7-5557-1342-5

Ⅰ. ①人… Ⅱ. ①宋… Ⅲ. ①成功心理 - 通俗读物 Ⅳ. ①B848.4-49

中国版本图书馆 CIP 数据核字(2020)第 004280 号

人生境界

RENSHENG JINGJIE

编　　著: 宋犀堃
责任编辑: 魏玲玲
封面设计: 松　雪
出版发行: 成都地图出版社有限公司
地　　址: 成都市龙泉驿区建设路 2 号
邮政编码: 610100
电　　话: 028-84884648　028-84884826(营销部)
传　　真: 028-84884820
印　　刷: 三河市众誉天成印务有限公司
开　　本: 880mm × 1270mm　1/32
印　　张: 15
字　　数: 360 千字
版　　次: 2019 年 12 月第 1 版
印　　次: 2021 年 2 月第 2 次印刷
定　　价: 108.00 元(全三册)
书　　号: ISBN 978-7-5557-1342-5

对物欲的贪婪、名利的狂热以及内心强烈的虚荣心，使很多都市人的心灵状态如热锅里沸腾的开水；也有一部分人面对失意、困难、挫折的侵袭，陷入久久的低迷。

“为什么我不能拥有我想要的生活？”“为什么我不快乐？”“为什么我的人生这样苦？”人生是苦的，而这份苦是可以解脱的，这个解脱的过程就是修炼。

修炼是一条道路，一条通往人类内心深处的道路。在这条道路上，我们可以寻找到一种智慧，这种智慧能够让我们更加了解生命的真谛，使我们面对人生更乐观豁达，以使我们的生命充满喜悦。

不必诉诸外界，一切尽在自己的把握。我们只需上好这一堂心灵修炼课，把心灵调节在正常的状态，烦恼自会远离，苦涩也将融化，唯有简单从容、平和淡定的清泉在心中汩汩流动。《人生三修：修心 修性 修行》是一本好读、好用、好学的“现代修心工具书”。它针对当下都市人所遭遇的一系列问题，通过修心、修性、修行三堂身心修炼课，从理性科学的角度分析大多数人生活中陷于困惑的原因，并探讨、研究主宰我们人生的模式是如何形成的，又是如何操控我们的身心的。其间穿插耐人寻味的故事，勾勒出种种心灵境界，整本书娓娓道来，于无声处见真知，一个个小故事、一句句知心话语、一条条修炼箴言以及人生感悟，全都是不可多得的养心妙药。

希望读者能以此为鉴，通过阅读此书，能够认真思考当下的生活、工作，能够更加了解自己，而且最重要的是，能够加速良性的变化，去调养一颗更乐观、坚强的心，来面对人生、享受生活，创造美好未来。

面对社会的纷纷扰扰，当你能够怀着如此心态去享受生活赐予你的一切美好和考验，你会觉得，其实幸福就在你的身边。

2019 年 10 月

CONTENTS 目录

上 篇 修心：破除内心的执念

上篇

修心：破除内心的执念

PART 01

静心：心静了，世界就静了

人生如水，学会沉淀

一口井，经历了暴雨的洗礼，井水依然清澈，原因在于它懂得沉淀。沉淀是一种人生智慧，沉淀能让浮躁的心变得宁静，而宁静又能让生活变得更悠然。因此我们要学会沉淀自己的生活，让清者上扬，浊者沉淀。

一个书生，做事急功近利，时常为了一件事情忙得心力交瘁，结果却总是距成功差一步。他感到很痛苦，于是找到镇上的智者诉说自己的痛苦。智者听了书生的叙述，把他带到了一间破旧的小屋里，屋子里的桌子上放着一杯水。智者微笑着对书生说："你看看这杯水，在这里放了这么久了，每天几乎都有灰尘落进水里，但是水依然澄明，你知道是什么原因吗？"

书生仔细观察了一会儿，说："因为灰尘都沉下去了。"

智者满意地点点头，说："年轻人，人生就如同这杯水，懂得沉淀，才能让水变得澄澈。内心不够平静，就

宁静的内心世界最可贵

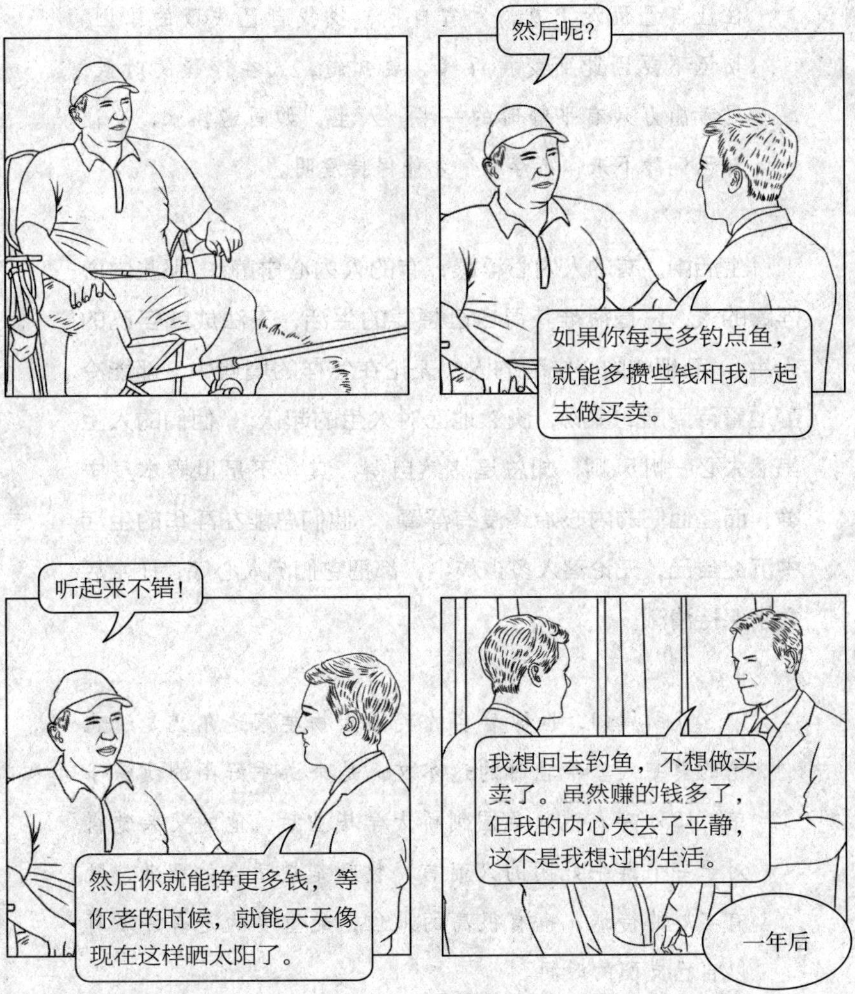

生活本来就很简单，真正的复杂源于一个人的内心。简单意味着平定内心浮躁的情绪，永远保持纯真、淳朴，是一种做人的至高境界。金钱的累积不能为人带来心灵的平静，远离喧嚣才能使生活变得自由轻松。

如杯子不停地晃动，水自然会变得浑浊，人生自然会变得痛苦。当你因为一件事情忙碌却没有结果的时候，记住让自己沉淀下来，反省自己，找找自己失败的原因。切记不要因此而变得浮躁。要知道，人在浮躁的时候，思考能力只有平静时的一半。人生，如同这杯水，要让自己沉静下来，不浮躁，才能保持澄明。”

生活中，有的人内心浮躁，有的人内心宁静。那些内心浮躁的人，总是很难获得自己想要的生活，无法成就自己的人生。而那些内心宁静的人，无论在怎样的境遇中，都能冷静地看待周围的事物，淡然地面对人生的起伏。他们的人生虽然未必一帆风顺，却总是悠然自得，其实不是世界本身宁静，而是他们的内心始终没有浮躁。他们总能在浮华的生活中沉淀自己，无论落入多少灰尘，都把它们沉入心底，让生活之水保持清澈。

众所周知，世界著名的英国生物学家达尔文是进化论的奠基人。年轻时的达尔文，是个游手好闲的纨绔子弟。1831 年，他从英国剑桥大学毕业后，他的父亲觉得对于一个游手好闲的人而言，牧师是最适合的职业，既有丰厚的待遇，也有很高的地位，最重要的是有许多可以自己支配的时间。

父亲安排的牧师职业确实有着很大的吸引力，但是，在大学期间，达尔文对博物学非常感兴趣，因而希望继续从事博物研究。经过一番思考之后，达尔文放弃了牧师职业，自费进行了艰苦漫长的环球考察。无论面对怎样的困境，他始终坚持着自己的理想，不放弃，不浮躁，保持宁静。在漫长的科考过程中，他不受外界的影响，把一切困难、烦恼都沉淀下来，始终专注于自己的事业。每到一处，他不辞劳苦，采集动植物的标本，记载新物种。

经过五年的环球考察，他积累了丰富的资料。此后又经过多年的潜心研究，终于在1859年出版了科学巨著《物种起源》，在当时的生物界引起了极大的轰动。

达尔文不浮躁的内心使他能静下心来，认真研究生物学，他因此而取得的成就为生物学做出了巨大贡献。

生活中，成功总是属于那些懂得沉淀的人。我们的一生要面临无数的诱惑和挫折，如若能够沉淀内心的浮躁，始终坚持自己的人生路，那么成功必然会如期而至，生活也将因此变得轻松。

不懂得沉淀的人，内心难以获得真正的宁静，也得不到真正的快乐。他们被各种事物诱惑，不停地追逐不同的目标，结果却事与愿违，烦恼和痛苦也由此而生。这些烦恼和痛苦又会加深浮躁的情绪，如此循环往复，人生必然疲惫不堪。

其实，真正让我们疲惫的不是生活，而是我们的内心。当我们感觉到内心的喧嚣时，不如让自己沉淀下来，就像河里的水，无法载动鹅卵石，就让它们沉淀在河底，自己依然潇洒地向前流去。人生也应该如水，学会沉淀，才会澄明清澈；放下一些东西，才能潇洒向前。

用简单缔造宁静的内心世界

生活本来就很简单，但是很多人却觉得世事艰难复杂，其实不是世界复杂，真正的复杂源于一个人的内心。思想复杂的人，看待这个世界也是复杂的，而内心简单的人，会把世界也看得简单。

内心复杂的人，遇事容易浮躁，因而在生活中找不到真正的乐趣；而内心简单的人，淡定从容，把复杂的事情简单化，快乐也就伴随着他们。因此，要想获得内心的平静和快乐，平定内心浮躁的情绪，就得从现在开始做一个简单的人，永远保持一份纯真、淳朴。

"简单"，其实是做人的一种境界。

正如冰心所言："如果你简单，那么这个世界也就简单。"

有一个渔夫，他总是每天只打一桶鱼，这桶鱼正好够他维持一天的生活。

打完鱼他就上岸，找一个最舒服的地方晒太阳，一边望着蓝天白云，一边怡然自得地抽着烟，渔夫的生活简单而快乐。

这天，他遇到一位过路的客商。商人对他说：“你每天为何不多打一些鱼，挣足够多的钱和我一起去做买卖?”

“然后呢?”渔夫反问道。

“然后，你就能挣更多的钱，等你老的时候，就能天天像现在这样晒太阳了。”

渔夫听了商人的话觉得很有道理，开始拼命工作，一段时间后，渔夫挣了很大一笔钱，然后就跟着商人做起了买卖。开始的时候，渔夫觉得很满足，可是不久之后，他发现这并不是自己想要的生活。赚到了钱还想再赚更多，这种功利的思想常常破坏了内心的平静。他无法让自己安定下来，好好享受生活。这种生活让他觉得很累，于是他又回到了原来的生活轨道上。

商人很不解地问：“你为什么要回去呢?”

渔夫说：“在商场上我确实能赚很多钱，但是一旦进入商场，我的内心就失去了平静，我无法用心感受生活的美好，这种生活让我觉得很疲惫。回到这里以后，虽然我没有很多钱，但是我的内心不会喧嚣，我可以静下心来享受阳光，这种简单的生活才是我想要的。”

渔夫曾经的生活很简单，他的内心不受物质的影响，因而喧哗不生，他可以平静地享受生命的美好。 但是进入了商场后，他的生活复杂化了，他的内心也因此失去了原有的平静，无法好好的享受生活。 所以他最终选择回到原来的生活轨道上，虽然没有很多的金钱，但是却能够让自己过得怡然自得。

简单，是平息无休无止的喧嚣，回归内在宁静的有效途径。这个世界上有很多事情，如果能够用简单的心态去面对，那么内心就不会有浮躁的情绪，简单能还我们一个宁静的内心世界。

周国平有一句话说："在五光十色的现代生活中，让我们记住一个古老的真理：活得简单才能活得自由。"面对纷繁复杂的社会，只有拥有一颗简单的心，才能获得真正的自由，不受外界事物的束缚，在内心里始终为自己留下一片宁静的天空，才能获得真正的悠然。

人生短暂，不要把我们的生活复杂化，简单一点就好。

简单是一种平淡，而这种平淡远离了一切喧嚣，回归了内心的平静，生活也因此变得自由轻松。

简单，我们才能潇洒地行走于人世间。相反，如果把简单的日子过得很复杂，不仅会使自己感到很沮丧，还会使自己感到很疲惫。

简单的生活有利于清除物欲与生命本质之间的樊篱。学会以最简单的方式生活，不要让复杂的思想破坏生活的甜美，更不要使自己的生活被自己的复杂思维所累，做一个"简单"的人。

用淡泊和宁静面对生活

人的一生会遇到很多的事情，或痛苦，或快乐，有得意，也有失意。无论遇到什么事情，别忘了带着淡定前行，不要让纷繁的世事让内心变得浮华。

什么是淡定？就是平淡看待得失，冷眼看尽世间繁华，成功时不张狂，失败时不颓丧，“不以物喜，不以己悲”。这种淡然，褪去了年少的轻狂，洗尽了世事的铅华，让一切归于平静。

在所有事情中，名利最能影响一个人的心境，因而淡定处世的第一步，就是要看淡名利。

名利毕竟是身外之物，虽然很重要，但是，如果它影响了我们的心境，让我们变得浮躁，这就像给自己带上了名利的枷锁，失去了内心的平静，也就失去了悠然的生活。带着淡定上路，不为虚名所累，不让名利改变心境，始终保持内心的平静。

著有《谈艺录》《管锥编》《围城》《宋诗选注》等巨著

的钱钟书先生，享有“博学鸿儒”“文化昆仑”之美誉。他把《写在人生边上》一书重印的稿费全部捐献给了中国社会科学院文学研究所，把电视剧《围城》的稿费全部捐给了国家。国外有许多地方要重金聘请他，都被他婉言拒绝。他对年轻人的忠告是：“名利地位都不要去追逐，年轻人需要的是充实思想。”

钱钟书惜时如金、甘于寂寞、淡泊自守、不求闻达，视名利如浮云，表现了高尚的精神品格。

现在的很多人都觉得活得很累，不堪重负。其实这是可以理解的。我们是凡夫俗子，红尘的多姿多彩，是会让人怦然心动的，人都有欲望，面对名利难免会有所动摇。因此，才会有那么多的人穷尽一生去追名逐利，但也会因此而失意落魄、心浮气躁。冷静想一下，如果是如此费尽心机才得来的名利，即使真的得到了，那果真是自己想要的吗？美好的生活应该是时时拥有一颗悠然自在的心，不管外在的世界如何变化，自己都能有一片心灵的净土。一颗索求太多的心很难得到清静。有些人常常烦恼，别人一句无心的话，会弄得他自己闷闷不乐，这又是何必呢？其实快乐很简单，正如人们所说，一个人之所以快乐，不是因为他拥有的多，而是因为他计较的少。

追求自己的人生目标是没错的，但是要清楚地知道自己所走的路，要知道自己该怎么走，不要被眼前的花环、桂冠挡住了前进的道路。始终保持内心的淡定，只要自己努力过，只要自己奋斗过，只要是在做自己喜欢做的事，按照自己的路去走，就已经值得欣慰了。陶渊明式的魏晋人物之所以能够用宁静平和的心境写出那洒脱飘逸的诗篇，就在于他们拥有淡泊名利、不以物喜、不以己悲的淡定胸怀。

淡如烟云定如磐石，才能远离世事的喧嚣。人生不如意之事十有八九，不幸坎坷可能会接踵而至，如果没有淡定的心态，以消除浮躁和烦恼，那么错过了太阳，也将会错过月亮和星星。

我们在成长的过程中，总会一次又一次被提醒，要沉着淡定。只有淡定之人，才会反省自身，才会明白即使错过了太阳，也会有美丽的星星在等待。只要存淡定的心，就会生希望的心。

用淡泊和宁静面对生活中遇到的事情，看淡一些，心情也自然会快乐，情绪也会向上。

如今社会诱惑太多，但是无论是何种诱惑，都不足以与“悠然”的诱惑相提并论。人们真正希望得到的是心灵的平和，是轻松自在的生活。因此，驱逐浮躁，带着淡定前行，让自己达到“清风明月，物我两忘”的境界，从而悠然地生活吧。

心静才能体会自然的真味

水平静了不仅可以照人影，也可以做木匠“定平”的水平仪。俗话说“心平似镜”，人的心境如果平静了，就能鉴照天地的精微，甚至还可以明察万物的奥妙。

东坡居士游览庐山时与兴龙寺住持常聪和尚相谈甚为投机，夜深了还在烛前论“无情说法”，即山水等无情之物也会说法。黎明之际，苏轼豁然觉悟，呈上一诗偈：“溪声尽是广长舌，山色无非清净身；夜来八万四千偈，他日如何举似人？”意思是，谷溪之声便是佛尊绝妙的说法，水光山色即是佛的清净真身。今夜无数偈文的真义，今后我怎样才能告诉他人呢？道元也说过：“山色谷响悉皆释尊的声姿。”雪堂寺的行脚和尚看过东坡的诗偈后，认为“尽是”“无非”“夜来”“他日”八字多余，宜删削之。白隐禅师的师父正受老人更有过之：“广长舌、清净身都是多笔，仅溪声、山色就可以了。”白隐有一首著名的歌偈“坐林中古寺，听拂晓雪声”，其旨意皆与东坡居士同。

赏花以含苞待放时为最美，喝酒以喝到略带醉意为适宜。这种花半开和酒半醉含有极高妙的境界。反之，花已盛开而酒已烂醉，那不但大煞风景而且也活受罪。所以事业达到巅峰的人，最好能深思一下这两句话的真义。

为人处世切忌过之，天道忌盈，人事惧满，月盈则亏，花开则谢，这些都是天理循环的规律，也是处世的盈亏之道。《列子·仲尼》中有段精辟的比喻，列子说：“眼睛将要失明的人，先看到极远极微小的细毛；耳朵将要聋的人，先听到极细弱的蚊子飞鸣声；口将要失掉味觉的人，先能辨别雨水滋味的差别；鼻子将要失掉嗅觉的人，先嗅到极微小的气味；身体将要僵硬的人，先急于奔跑；心将糊涂的人，先明辨是非。所以事物不到极点，不会回到它的反面。”

春天一到，百花盛开，百鸟齐鸣，为山谷平添了无限迷人景色，然而这种鸟语花香的艳丽风光，只不过是大自然的一种幻象。秋天一到，泉水干涸，树叶凋落，山涧中的石头呈现干枯状态，然而正是这种山川的一片荒凉，才能看见天地的本来面貌。

大自然的“风花”“雪月”亦可给人恬静的心境，恬静的心境又可增进自己的智慧，智慧又可以用来促进自己心境的恬静。智慧与恬静交相涵养促进，和顺之气便从本性中流露出来。真正的智者从来不叽叽喳喳地表现自己，让自己智慧的锋芒外露。那些没有智慧的人成天闹哄哄的，大叫大嚷地表现自己，生怕一静下来这个世界就把他忘了。

满罐子水不动荡，默默无声；半罐子水荡到半空中，扑通扑通地响个不停。智慧老人像风平浪静时的大海，沉静而又渊博；浅薄之徒像快要干涸的小溪，走到哪里都喧哗不停。

只有虚才能包含万物，灌水进去不见满，取水出来不见干，而且不知水源在何处，这样才算得上永葆生命之光；只有静才能获得真理，“万物静观皆自得”，这恰如一汪清澈的湖水，只有平静时，才能映出周围群山的倒影。如果水波涌动奔腾，那就只能听到自己的响声，而映不出天上的星月和地上的山峰。同样，只有静才能涵养自己的心智，浮躁不安只能使自己变得荒疏浅陋。只有以闲情、以心静才可以耐得住寂寞，才能体会到自然的真趣。

PART 02

宽心：心宽了，路就宽了

宽容能让所有人都快乐

上帝赐予了我们“宽容”这个最美的礼物。宽容是体谅，是理解。很多时候，我们需要别人宽容，也要宽容别人，刻薄地对待别人只能使自己陷入孤立。

一位著名的试飞员鲍勃·胡佛，他参加过很多次航空展览，并且在展览中表演飞行。一天，他在圣地亚哥航空展览中表演完毕后飞回洛杉矶。正如《飞行》杂志所描写的，在空中300米的高度，引擎突然熄火。由于技术熟练，他操纵着飞机着陆，但是飞机严重损坏，所幸的是没有人受伤。在迫降之后，胡佛的第一个行动是检查飞机的燃料。事实证明了他的猜测，他发现，所驾驶的第二次世界大战时的螺旋桨飞机居然装的是喷气机燃料而不是汽油。回到机场以后，他要求去见一下为他保养飞机的机械师。那位年轻的机械师为所犯的错误感到难过。当胡佛走向他的时候，他正泪流满面。他造成了一架非常昂贵的飞机严重损坏，差一点还使三个人失去了生命。你可能以为胡佛必然大为震怒，并且预料这位极有荣誉心、事事要求精确的飞行员必然会痛斥机械师的疏忽。

出乎人们意料的是，胡佛不仅没有责骂，甚至没有批评那位机械师。相反，他用手臂抱住那个机械师的肩膀，对他说："为了表示我相信你不会再犯错误，我要你明天再为我保养飞机。"

我们都知道，宽容是一种做人的美德，但它也是一种明智的处世原则。豁达一些，宽容一些，你的视野就会变得更开阔，自己也活得很轻松。胸怀宽广的人，会以宽容的态度包容他人的错误，甚至会不计较个人的得失，寻求化解矛盾和冲突的办法，因而，他们都过得很快乐。

俄国沙皇亚历山大大帝，有一次骑马到西部旅行。那天，他来到一个乡镇小客栈，为进一步了解民情，他决定徒步旅行。当他穿着没有任何军衔标志的平纹布衣走到一个三岔路口时，却记不清回客栈的路了。亚历山大无意中看见有个军人站在一家旅馆门口，于是他走上去问道："朋友，你能告诉我去客栈的路吗？"

"朝右走！"军人叼着大烟斗，头一扭，高傲地把这位身着平纹布衣的旅行者上下打量了一番，傲慢地答道。"谢谢！"亚历山大又问道："请问离客栈还有多远？"

"1500 多米。"那军人生硬地说，并瞥了他一眼。

亚历山大转身道别，可是他没有走出几步就又停住了，他回过头来微笑着说：“请原谅，我可以再问你一个问题吗？如果你允许我问的话，请问你的军衔是什么？”

“你自己猜猜看嘛。”这位军人猛吸了一口烟说道。亚历山大风趣地说：“中尉？”那烟鬼的嘴唇动了一下，意思就是说不止中尉。

“难道是上尉？”亚历山大故作惊讶状。烟鬼摆出一副很了不起的样子说：“还要高些。”

亚历山大很肯定地说：“那么，就是少校呀！”“是的！”他高傲地回答。于是，亚历山大十分敬佩地向他敬了礼。

这时，少校把身子转了过来，摆出一副对下级说话的高贵神气，问道：“假如你不介意，请问你是什么官？”亚历山大乐呵呵地回答：“你猜！”“中尉？”亚历山大摇头说：“不是。”

“难道是上尉不成？”少校有点惊讶。“也不是！”少校走近后仔细看了看说：“那么你也是少校？”

“你还是继续猜吧！”亚历山大十分镇静地说。这时，少校取下烟斗，那副高贵的神气一下子消失了。他用十分尊敬的语气低声说：“那么，你是部长或将军？”

“哈哈，你就要猜着了。”亚历山大笑着说道。“殿……殿下是陆军元帅吗？”少校结结巴巴地说。这时，亚历山大说：“我的少校，再猜一次吧！”“皇帝陛下！”少校的烟斗从手中一下掉到了地上，猛地跪在大帝面前，忙不迭地喊道：“陛下，饶恕我！陛下，饶恕我！”

宽容的人更得人心

宽容是种做人的美德。胸怀宽广的人，会以宽容的态度包容他人的错误，甚至不计较个人得失，积极寻求化解矛盾冲突的办法。这样的人也往往能聚拢人心，让大家都尊敬、信服他们。

“有什么可饶恕的呀，朋友？”大帝笑着说：“你没伤害我，我向你问路，你告诉了我，我还应该谢谢你呢！”

其实，我们每一个人，能够走到一起，这本身就是一种缘分。世界上没有和你完全一样的人，要学会接受他们，欣赏他们，原谅他们，这样才能和谐地生活在这个世界上，这本身就是一种幸福。

原谅自己的错误

如果你仔细观察你的周围，你会发现，在我们宁静的生活中，大多数人都是亲切的，富有爱心的，也蛮宽容的。 如果你犯了错，而且真诚地要求他人宽恕时，绝大多数人都会原谅你。 但是，我们这种亲切的态度只对一个人例外。 谁？没错，就是我们自己。

也许你会怀疑：“人类不都是自私的吗？ 怎么可能严于律己，宽以待人？”是的，人总是会很容易原谅自己，不过，这只是表面上的饶恕而已，如果不这么自我安慰的话，如何去面对他人？ 但在深层的思维里，一定会反复地自责：“为什么我会那么笨？ 当时要是细心一点就好了。”或是：“我真该死，这样的错怎能让它发生？”

如果你还不相信，请你想想自己有没有犯过严重的错误，如果想得出来的话，那你一定还对它耿耿于怀，并没真正忘了它。 表面上你是原谅了自己，实际上你是将自责收进了潜意识里。

我们可以对他人宽容，难道就没有资格获得对待自己的这种仁慈吗？

没错，我们是犯了错，但除了上帝之外，谁能无过？ 犯了错只表示我们是人，不代表就该承受如下地狱般的折磨。我们唯一能做的只是正视这种错误的存在，在错误中学习，以确保未来不会发生同样的憾事。 然后，我们应该获得绝对的宽恕，并将它遗忘了，继续往前走。

人的一生在不断地犯错误，如果对每一次错误都深深地自责，那么一辈子都将背着一大袋的罪恶感过活，你还能奢望自己走多远？

犯错对任何人而言，都不是一件愉快的事情，一个人遭受打击的时候，难免会格外消沉。 在那一段灰色的日子里，你会觉得自己就像失败的拳击选手，被那重重的一拳击倒在地上，头昏眼花、满耳都是观众的嘲笑和那失败的感觉。 在那时候，你会觉得简直不想爬起来了，觉得你已经没有力气爬起来了！ 可是，你会爬起来的。 不管是在裁判数到十之前，还是之后。 而且，你还会慢慢恢复体力，平复创伤，你的眼睛会再度张开，看见光明的前途。 你会淡忘掉观众的嘲笑和失败的耻辱，你会为自己找一条合适的路——不要再去做挨拳头的选手。

放宽心，别和自己过不去

生活中有这样一种人，他们对自己的要求很严格，或是希望所有美好的事情都发生在自己身上，一旦遭遇不如意，便抱怨、沮丧或是焦虑、自我否定或是自我谴责。

小王是某销售公司的一名员工，整天多愁善感，遇到一点挫折就垂头丧气，总是怪自己太笨了。有时候确实是工作难度大了，有时候确实是事出有因，有时候是他对自己的要求太高，可他却不去考虑多方面的因素，只要一遇到不顺心的事，他就一个劲地埋怨自己。刚开始朋友还会去劝他，可他一直这样，弄得大家也都没有了好心情和耐性，干脆都不去理会他的自责和不高兴。久而久之，他就感觉被人冷落了，甚至抑郁成病……

其实，生活中总是难免有烦恼，有时人生的烦恼，不在于自己获得多少，拥有多少，而是自己想得到的更多。

有时因为想得到的太多，而自己的能力却难以达到，所以便感到失望与不满，然后就自己折磨自己，说自己“太笨”“不争气”等等，就这样经常自己和自己过不去，和自己较劲。小王就是一个这样的典型，他无法宽容自己，所以烦恼就比别人多。

人总有不顺心、不如意的时候，其实外在不是真正能主宰你的因素，真正能决定结果的是你自己。

比如你害怕别人说你胖，你千万次地看过自己后，决定节食减肥。面对餐桌上的诸多美食，你只能是闭着眼睛咽口水，忍受着饥饿的折磨。实在没办法时，只能是在美食面前选择逃避！几日后，身体可能是苗条了，听到了别人的赞美，可是只有自己最清楚，体质已经下降了！

人这一辈子不可能总是春风得意、一帆风顺，肯定会有许许多多不如意的事，说不定哪一天生活就会跟你开一个不大不小的玩笑，使你结结实实地撞上无情的“红灯”，或事业失败，或爱情失意等。这时候就得想开点，平淡地面对生活，多劝劝自己，千万别跟自己过不去。

如果你想不开，吃不下，睡不着，又有什么用呢，过多的烦恼和压力只会将你的心灵挤压得支离破碎。而且人体的各种器官在心情烦恼或怒火中烧的情况下会处于紧张状态，往往会引起失眠、神经衰弱等。若是长期处于忧郁状态，还会诱发其他心理疾病。

所以，人要学会对自己好一点，不跟自己过不去，要知道世上没有跨不过的沟，也没有趟不过的河，要想得通，放得下。

其实，静下心来仔细想想，生活中的许多事情，并不是因为你的能力不强，恰恰是因为你的愿望不切实际。要知道一个能力超强的人也并非具有做任何事情的才能，这样想时才不会强求自己去做一些做不到的事情。

在生活中，我们应该时常肯定自己，努力做好我们能够做好的事情，剩下的就交给老天吧！只要尽力而为了，心中也就坦然了，即便在生命结束的时候，也能问心无愧地说："我已经尽了自己最大的努力，我是无愧于心的。"

生活是多姿多彩的，活着就是要品尝生活的百味，所以，不要钻牛角尖，不要自己和自己过不去。

如果你觉得不开心，那就学会自己去寻找生活中的快乐。其实获得快乐的方式也很简单，比如早晨醒来睁开眼睛看着天花板，你可以用快乐的心去感受那纯净的白色；上午在窗前读一本文采飞扬的书，你可以用快乐的心去体味书中的感动；下午坐在摇椅上呼吸、冥想，你可以用快乐的心去触摸太阳的温暖；黄昏到楼下茶馆里去品一杯醇香的红茶，听一曲悠扬的旋律，你可以用快乐的心去迎接黑夜的来临；晚上给家人煮一锅又鲜又香的排骨汤，你可以享受到付出的快乐。

每个人活在世上都会遇到各种各样的事情，或喜或忧，或成功或失败，我们无从选择。但我们可以做到包容自己，不对自己提过高的要求，这样就能够调整好自己的情绪，从而获得身心健康。

心宽才能圆融

常在寺庙中见到一尊佛像，但这尊佛像与其他的佛像有很大的区别。他光着大肚皮坐卧于地，咧嘴露牙地捧腹大笑，看起来特别具有亲和力及喜悦感。他便是“大肚能容，了却人间多少事；满腔欢喜，笑开天下古今愁”的弥勒佛。

弥勒佛之所以令人敬服的特质，就在于他的“豁达大度”。一件事有许多角度，有好的一面，也就有坏的一面；有乐观的一面，也就有悲观的一面。就好比一个碗缺了个角，乍看之下，好似不能再用；若肯换个角度来看，你将发现，那个碗的其他地方都是好的，还是可以用的。若凡事皆能往好的、乐观的方向看，必将会希望无穷；反之，一味地往坏的、悲观的方向看，定觉兴致索然。

凡事往好的方面想，自然会心胸宽大，也较能容纳别人的意见。宽大的心胸，不但可以使人从别的角度去看事情，更能使自己过着悠然自得的日子。有一回，释尊的一位大弟子被一位婆罗门侮辱，但他对于婆罗门的辱骂只是充耳不闻，未予理会。因为他知道，一个会以辱骂别人来凸显自己的人，在个人的修养和品行上都有问题。婆罗门见到他无端被自己辱骂，不但没有生气，而且微笑地答辩，真不愧是圣者，终于自知理亏愤愤地离开了。这便是豁达，即佛家所谓的圆融。

豁达一些，也要大度一些。就拿鞋子来说吧，我们买鞋子都知道要多预留一点空间，否则穿久了，会因脚和鞋子摩擦得太厉害，而起水泡，甚至磨破皮，以致痛苦难忍。

我们都有过这种经验，就是盛怒之后，再反省便会发现：我当时也可以不必那么愤怒的，其实事情也不是那么严重，不知道他（对方）现在的感受如何？但当遇到那种使人愤怒的情景时，往往会按捺不住怒火。于是，我们必须通过日常生活不断地磨炼自己，使自己拥有化解、疏导愤怒的智慧和能力。由于我们不是顿悟的圣者，便只有靠着“时时勤拂拭，勿使惹尘埃”的功夫，使自己臻于能忍辱、能容人的境界。希望我们都能在生命之河的洗练中，慢慢磨去我们不知足的坏习性，使我们也能迈向圆融的人生。

佛家有“贪、嗔、痴”的说法，叫作“三毒”。种种不好的事情，都由这“三毒”发展而成，你仔细想一想，就会证实佛家说得一点都不错。生意失败、损失金钱，往往由贪欲而来；做错选择、找错对象、交错朋友、做错事情，往往由愚痴而来；破坏、犯罪，往往由嗔恨而来。人的所有过错，都离不了贪、嗔、痴三种原因。

这三种毒，犯一次就要吃一次亏。不原谅别人，犯的正是嗔毒，这种毒，在刺伤别人以后，往往要反过来刺伤自己。

我们每一个人，都应该知道宽恕别人的重要性。在我们还没能做到完全宽恕别人的时候，不妨先闭上双眼，然后想想该怎样惩罚那个最令人难以宽恕的人。要怎样才会宽恕他？是不是要他受苦，你才能宽恕他？如果是，你可以想象他正在受苦，受种种的苦；想象完了以后，你不禁会对他产生怜悯心，会宽宏大量地饶恕他，不再想报复，这样，报复心就完全地清除了。

PART

03

平心：

心平了，气就和了

停止抱怨才能得到快乐

有一对婆媳相处得十分不愉快，彼此总是看对方不顺眼，婆婆觉得媳妇懒惰、不孝敬她、对丈夫也不够尽心尽力；媳妇则认为婆婆唠叨，老是嫌弃她做的每一件事情，没有把她当成一家人。直到婆婆生了一场大病，媳妇不眠不休地加以细心照顾后，婆婆这才领悟到媳妇是因为将自己视为母亲，才没有刻意讨好或者巴结她；媳妇也感觉婆婆其实对自己十分在意，才会经常提醒她很多事情。后来婆媳两人开始欣赏对方的优点，渐渐地，也就如同一对母女愉快相处了。

在生活中，你是否也经常会为了某些小事情抱怨不休呢？ 当你遭遇到问题时，你是否会在第一时间就先注意到别人有没有犯同样的错误呢？ 你是否觉得他人都不够了解你，甚至都亏欠你什么呢？ 还有，你是不是过度保护自己，忘记别人也有正确的时候呢？

学会接受不能改变的

每个人的人生都会面对一些苦难与不幸，而接受苦难则是克服它的第一步。既然已经无法逆转既定事实，无力改变悲剧，不如坦然接受，抱怨不仅于事无补，还会让自己陷入负面情绪中而无法自拔。

人们在不如意的时候，总会想要宣泄内心的抑郁或者不平，但是我们也必须明白，“人生不如意事，十之八九”。所以，要是不小心就养成了凡事抱怨的习惯，不只会让我们自己活得不快乐，别人也会因此远离我们。

事实上，抱怨并不会给我们带来任何益处，它只会导致你自怨自艾、怨天尤人。更重要的是，它是所有负面情绪的最大来源。换而言之，在大多数时候，我们的负面情绪都是来自对他人的抱怨，以及对所有事情的不满，可是当我们只关注生活中的不愉快时，我们要如何才能够得到快乐呢？

我们时常会以为自己是这个世界上最命苦的人，我们也经常会问，为什么发生在我们身上的事情，永远那么悲苦不幸？甚至还会问为什么我们的生命就像一幕一幕的悲剧？

其实在这个世界上，有许多人比我们生活得更加痛苦，他们每天都生活在战争的恐惧中，随时都要面临遭受杀戮和死亡的威胁。还有许多人生活在贫困与饥饿里，小孩子没有衣服穿，没有食物吃，他们的每一天都只能等待着别人的施舍，或者沿街乞讨过日子。这些人甚至连想得到最基本的食物填饱肚子都不可能。

如果你想到这些，应该会觉得自己其实真的很幸福。我们有什么不知足的？难道希望从天上掉下一大堆的金钱，甚至掉下幸福来吗？如果自己不肯努力，只是畏缩逃避、自怨自艾，难道就会得到贵人的帮助吗？

抱怨或者指责他人总是容易的，但是检讨、反思自己，却常常为人忽略。不过，当你懂得凡事先反省自己，并从欣赏的角度来看待世界上的人、事、物时，你将会发现别人身上也有很多的优点，别人平日待你也不坏，所有事情也都有它美好的一面。倘若你只是用挑剔的眼光来看待事情，即使是一点点的不完美，也会在你的心中不停地放大，成为难以忍受的过失！

在某个社区中，有一位太太时常逢人就抱怨她家对面的邻居十分懒惰。她常常对别人说："住在我家对面的那个女人真的很懒，她的衣服永远都像一块抹布，不但洗得不够干净，还老是布满黑色的污渍！我真是无法想象一个人，如何可以懒得像这个样子！"

有一天，这位太太的朋友登门拜访，她不改往日的习惯，又开始抱怨。起初，她的朋友还耐心聆听，最后终于忍受不住了。只见这位朋友走到厨房里，拿了一块抹布，随即擦起了窗户："你没有发现你邻居衣服上的污渍，其实就在你家的玻璃窗上吗？"

在《圣经》中有一段话："为何你只见弟兄眼中有刺，却不见自己的眼中有梁木？"

有一些人总是习惯抱怨他人、检讨他人，只要生活中遭遇到困难或者挫折，他们总认为那是因为别人的不当行为，才导致了自己身陷逆境，时间一久，他们便觉得自己是这个世界上最悲惨、最不幸的人，进而也会用一种愤恨不平的眼光去看待人、事、物，终其一生、郁郁寡欢，却不知扼杀快乐的人，其实就是他自己！

因此，当你想抱怨或者指责某些人、事、物的时候，你应该先冷静下来，仔细地想一想，在你指着他人埋怨时，可能别人也有几根手指正指着你呢。当你指责别人的错误时，是否也能先想想，自己有没有什么不对的地方需要别人来检讨呢？

当我们遭遇到生活中不如意的事情时，我们不应该一味地找寻理由谩骂、声讨他人，或是口出埋怨的话语，反而应该先让自己冷静下来，检讨整件事情的始末。如果你发现问题是出在了自己的身上，就应该要求自己立即改进，避免日后重蹈覆辙，避免事情继续恶化；要是你发现过错不在自己的身上，你也无须指责他人，因为每个人都会有犯错误的时候，建议你此时不妨用宽容的态度让对方了解你的感受，并且希望彼此之间能够共同让事件向好的方向转变，如此一来，你将能够化解彼此心中的芥蒂与不快，从而拥有良好的人际关系。

也许你会说，不是每个人都能够宽容待人，但是，我们要是不能够先从自身做起，又如何要求他人呢？因此，从此刻开始，请你停止抱怨，学习如何用欣赏的眼光看待这个世界，你将会发现，当你懂得欣赏人、事、物美好的一面时，生活中的欢乐也会随之不断增加！

世界上没有绝对幸运的人

生活中，有的人总认为自己是不幸的人，没有在福利优厚的单位工作，没有做高官的父母，没有学习成绩永远第一的孩子……其实，这世界上没有绝对幸运的人。换言之，幸与不幸是没有标准的，它只是一种心态——无论在什么情况下，只要你觉得自己是幸运的，那么你就是幸运的。

反过来，遭受一点厄运就马上大呼不幸，那也只能让你感觉自己更加不幸。如果你把一点点的不幸置于显微镜下面，并且长时间地看着，你甚至会被自己看到的一切吓倒。不幸的感觉就会把你带进绝望的深渊而不可自拔。

一次，一位将军率船队在海上航行，途中遇上了暴风雨。一名士兵因是第一次乘船，所以吓得不停地狂呼乱喊，大哭不止，让船上的人几乎都受不了，因为这让本来并不担心的人们开始感到了恐惧。将军气恼地想下令把这名士兵关起来。

这时将军身旁的一位校官说："不要关他，让我来处理。我想我可以使他马上安静下来。"校官随即命令水手将那位士兵绑起来，丢入海中。那个可怜的家伙一被丢下海，立刻手脚乱舞，狂呼救命。过了几分钟，校官才叫人把他拉上船来。

回到船上后，说也奇怪，刚才不停歇斯底里大叫的士兵，开始静静地待在船舱一角，半点声音也没有。将军好奇地问这个校官何以会如此？校官答说："在情况转变得更加恶劣之前，人们很难体会自身是多么的幸运。"

显然，这位校官是位高明的逻辑学家，在他的手中，幸运就像球拍，而不幸则是球——只有"幸运的球拍"才能将"不幸的球"狠狠打出去。这种逻辑又像大海中一个落难的人，海难是不幸的，但怀中的救生圈却让他感到自己是多么的幸运，至于漂到哪里，甚至漂多久都不是问题，因为幸运永远在他怀中——他不会因为方位、距离的变化而失去救生圈。所以，即使遭遇海难，他也并不认为自己是不幸的，怀中的救生圈让他相信自己一定会获救。

从心理学的角度讲，无论你陷入什么样的艰难境地，都要想到，还有比这更不幸的，相比之下，我已经够幸运了。

如果总将自己置于幸运的基点上，会使你永远保持积极的、向上的心态，而积极心态是成功的动力。另外，如将大海比作死亡或地狱，对于那位惊恐万状的士兵而言，他无疑是到"地狱"走了一遭——如此"大难不死"的经历，让他觉得这世界已没什么可怕的事了，觉得回到船上是无比幸运的。由此可见，不幸也能给人带来好处，这就要看你用什么样的心态来看待它。

从辩证的角度讲：幸运中隐藏着不幸，而不幸中往往会产生令人羡慕的幸运者。古人有“祸兮，福之所倚；福兮，祸之所伏”的说法，正是此意。

道理非常简单：过多的幸运只会让一个人意志逐渐薄弱，根本经不起不幸的打击，一旦遭遇波折，只能怨天尤人。

不幸对于幸运儿而言无疑是灭顶之灾，无力抗拒。因为幸运儿习惯了幸运，在他们的生活中，只有一帆风顺、心想事成，他们不认为这也是生活的一部分。他们就像温室中的花朵，失去了抗击风雨的能力。而不幸对于那些经常遭受不幸折磨的人来说是家常便饭，常吃这种“不幸饭”的人，意志品质都是超强的。他们清楚地知道，人生不是风调雨顺的，幸运只是偶尔光临。幸运是有限的，不幸却是无限的。一个过早透支了幸运的人剩下的无疑是更多的不幸。这其中自有道理：因为你几乎经不起不幸的打击，一旦被击倒，你这个没经过不幸的“魔鬼训练营”调教的人就很难爬起来。如此一来，更多的不幸就会劈头盖脸地砸下来。有时候，甚至别人看来不过是个小小的沟坎，也会成为你的生活中难以逾越的高山。

失败的不幸像多米诺骨牌，一旦倒下便不可收拾；成功的幸运却似流星陨石，轻易落不到你脚下。一个聪明的、有远见的人，一定会懂得正确对待幸运与不幸。

给自己找点平衡

在现实生活中，很多人的内心世界或多或少都有一些不平衡心理。某人升了官，某人赚了钱，某人买了车，某人盖了别墅……你觉得自己原本比他们强，却不如他们风光体面！只要一对比，就会产生不平衡的心理，而这种不平衡的心理又驱使你去追求一种新的平衡，如此反复，身心就会处于一种失控的状态中。一个人如果连自己的心态都控制不了，那他的人生也必将摇摆不定，也注定将与快乐无缘。

费希特年轻时，曾去拜访大名鼎鼎的哲学大师康德，想向他讨教。不料，康德对他很冷漠，并严词拒绝了他。

费希特失去了一次机会，但他并没有因此而深受影响，不灰心丧气，也不怨天尤人，而是从自己身上寻找原因。他心想，自己没有成果，两手空空，大哲学家当然怕被打搅，自己为什么不先拿出一些成果来呢？

于是，费希特埋头苦学，完成了一篇《天启的批判》

的论文，呈献给康德，并附上一封信，信中说："我是为了拜见自己最崇拜的大哲学家而来的。但仔细一想，对本身是否有这种资格都未审慎考虑，感到万分抱歉！虽然我也可以索求其他名人的信函介绍，但我决心毛遂自荐，这篇论文就是我自己的介绍信。"

康德细读了费希特的论文后，不禁拍案叫绝。他为其才华和独特的求学方式所震动，便决定"录取"费希特，亲笔写了一封热情洋溢的回信，邀请费希特来一起探讨哲理。由此，费希特获得了机会，后来成为德国著名的教育家和哲学家。

可见，懂得平衡自己心态的人，其烦恼总比别人少，而收获总比别人多。

在现实生活中，不平衡使得一部分人心理自始至终处于一种极度不安的焦虑、矛盾、嫉恨之中，使他们牢骚满腹，不思进取。因此，我们必须走出不平衡的心理误区。要走出不平衡的心理误区，首先就要学会优势比较。比如受挫后有时很难找到倾诉的对象以诉衷肠，这就需要自己设法平衡心理。优势比较法要求去想那些比自己受挫更大、困难更多、处境更差的人。通过挫折程度比较，将自己的失控情绪逐步转化为平心静气。另外，要少抱怨他人，而多反省自己，从而就能慢慢调节好自己的心态。在遭遇挫折时，要先检讨自己哪里做得不对，找到原因后再改正，切忌一开始就怨天尤人，否则，心理不平衡，只会给你带来更多的烦恼。

要知道，这个世界上没有绝对公平的人和事，有时候不管你怎么努力，幸运之神都不会降临到你身上。 因此，有的人心中就会有这样的疑问：为什么好人总是多难？ 为什么坏人总是逍遥？ 为什么付出努力的人却没有收获？ 为什么不曾付出的人却能坐享其成？ 难道生活真的就这么不公平吗？

1963 年，一位名叫玛莉·班尼的女孩写信给《芝加哥先驱论坛报》，因为她实在搞不明白，为什么她帮妈妈把烤好的甜饼送到餐桌上，得到的只是一句“好孩子”的夸奖，而那个什么都不干，只知捣蛋的戴维，她的弟弟，得到的却是一只甜饼。她想问一问无所不知的西勒·库斯特先生，上帝真的公平吗？为什么她在家和学校常看到一些像她这样的好孩子被上帝遗忘了？

西勒·库斯特是《芝加哥先驱论坛报》儿童版“你说我说”栏目的主持人，十多年来，孩子们有关“上帝为什么不奖赏好人，为什么不惩罚坏人”之类的来信，他收了不下上千封。每次拆阅这样的信件，他心里都非常沉重，但他不知该怎么回答这样的提问。

正当他对玛莉小姑娘的来信不知如何是好时，一位朋友邀请他参加婚礼。也许他一生都该感谢这次婚礼，因为就是在这次婚礼上，他找到了问题的答案，并且这个答案让他一夜之间名扬天下。

西勒·库斯特是这样回忆那场婚礼的：牧师主持完订婚仪式，新娘和新郎互赠戒指，也许是他们完全沉浸在幸福之中，也许是两人过于激动，总之，在他们互赠戒指时，两人都阴差阳错地把戒指戴在了对方的右手上。

牧师看到这一情景，幽默地说了一句话：右手已经够完美了，我想你们最好还是用它来装扮左手吧。西勒·库斯特说，正是牧师的这一句话，让他茅塞顿开。

右手本身就非常完美了，没有必要把饰物再戴在右手上。同样，那些有德的人，之所以常常被忽略，不就是因为他们已经非常完美了吗？后来，西勒·库斯特得出结论：上帝让右手成为右手，就是对右手的最高奖赏；同样，上帝让善人成为善人，也就是对善人的最高奖赏。

西勒·库斯特发现这一真理后，兴奋不已，他以“上帝让你成为一个好孩子，就是对你的最高奖赏”为题，立即给玛莉·班尼回了一封信，这封信在《芝加哥先驱论坛报》刊登之后，在不长的时间内，被美国及欧洲1000多家报刊转载，并且每年的儿童节，他们都要将这封信重新刊载一次。

每个人都是自然界创造的奇迹，对自己的境遇应尽量保持平和的心态，以感恩的心情去充满热情地生活，不要再要求得到其他什么回报，生活本身就是最高的奖赏。

正面看人生，处处有生机

在我们的人生漫长旅途中，最糟糕的境遇往往不是贫困，不是厄运，而是精神和心境处于一种疲惫状态。本来生活得好好的，各方面的条件都不错，然而却常常心存厌倦，不免抱怨一番，这种心态大多由于对生活缺少激情，所以即使面对再精彩的生活，你也会熟视无睹。

人至少要给人生一点惊奇，惊奇处便在停脚处，只有停下脚步的人，才能窥见生命之美。停一停，望一望，生活的美丽便会进入你的脑海。

一天，一个小男孩与他的朋友一起走在市中心的街道上，突然，这个小男孩对他的朋友说："我听见一只蟋蟀在叫！你听到了吗？"

他的朋友竖起耳朵仔细听了一会儿说道："不可能，什么声音也没有，肯定是你听错了！"

小男孩特别坚定地说："不，我真的听到一只蟋蟀叫的声音了。真的！我敢肯定！"

可是，他的朋友就是不相信。“现在到处是熙熙攘攘的人，吵闹声，汽车喇叭声，出租车尖叫声……你怎会在这里听到一只蟋蟀叫！”

但是男孩的态度还是很坚定：“我肯定听到了。”他边说边屏气凝神地搜寻这声音的来源。他们走过一个街的拐角，再穿过一条街道，然后四处寻找。最后在一个街道的角落里看到一小簇灌木丛，小男孩仔细地搜索灌木丛中的枯叶，最后在枯叶堆里找到了那只蟋蟀。他的朋友目瞪口呆。

小男孩对他的朋友说：“其实并不是我的耳朵比你的更敏锐，而关键是你在注意听什么。过来，让我演示给你看。”他把手伸进自己裤兜里摸索了一会儿，然后掏出一把硬币，他将这些硬币一一撒落在地上，硬币撞击水泥地板时发出了清脆的响声。街道周围所有的人都把头扭向了这边。“明白我的意思了吗？”小男孩一边解释给他的朋友听，一边拾起他撒落的硬币，“关键是你在注意听什么。”

是的，我们的耳朵听惯了金钱的撞击声，听惯了上级的命令声，听惯了下级的恭维声……那么它对生活本身所隐藏着的那些美妙声音的感受力就变得无比迟钝了；我们的眼睛戴上了有色眼镜，所以看到的是满眼的灰色，生活中那美丽的彩虹怎么都无法进入我们的视线之内。其实生活中处处有风景，只要我们肯仔细找寻，就一定能见到生活中绚丽多彩的一面。

生命的多数是平凡的，多数的人生是平淡的，就在这平淡之中藏着真情，平凡里面寓有深意。如果想体验，你要用心才行。把目光从物质上稍稍移开，留点时间和空间给心灵和精神，为它们寻找一个家园。西方一位名人说过：“养成观察事物好的一面，比一年赚1000镑更重要。”

在风雪路上疾走着的你，如果遇到了一处可以取暖的房屋，这是一种多么巨大的幸福；下班后带着一身疲惫回到家中，如果能为自己备好一杯热茶和一盘点心，然后卧在沙发上打开电视，又吃又喝又看，那是怎样一种惬意；在街头等朋友等得不耐烦的时候，忽然看到报栏里一张报纸夹缝中登载的一则精妙小故事，乐得你旁若无人地大笑起来……生活中突如其来的快乐和惬意有很多，只要你有一颗随时准备接受快乐的心。

挣不到更多的钱，在别人去商场买这买那、出门旅游时，你就沏一杯茶在家里享受“清淡的闲暇”，不也很舒服自在嘛！每天生活上的小事，也能成为构成快乐的要素。

其实在很多时候，我们在抱怨生活，觉得生活乏味无趣，是因为我们太苛求生活了，在我们心目中总是对生活提出太高的要求，不肯接受生活真实的面目。只要我们摆正心态，告诉自己生活本来就是如此，有苦有甜，那么我们就会变得充实和乐观起来。

人们常说“熟悉的地方无风景”，其实并不完全正确，生活中蕴藏着的景色是无穷尽的，只要我们肯去发现，就会不断地有惊喜。人看事情本来就有两个面，负面看人生，事事都糟糕；正面看人生，处处有生机。一个人愈能理解这一点，便愈能减少抱怨，愈能感受到生命的宝贵和人生的快乐。

中篇

修性：好性情才有好人生

PART 01

本性：回归本性，做真正的自己

保持自己的个性，做一个与众不同的人

一个人要想很快被他人记住，一定要有鲜明的个性和特点，如果成为碌碌之辈，很容易被人忘却，甚至从未被记住过。

有一个非常有名的文化名人叫钱玄同，先后在北京大学、北京师范大学、燕京大学等处任教。作为一名教授，他有一个“陋习”，就是从不批改学生们的考卷。对此，各个学校都很无奈。在北大的时候，校方特意为他刻了一枚木质图章，图章上刻有“及格”二字。钱玄同每次把考卷收上来后，派送到教务处，让教务室统一盖上“及格”的图章，然后按照每个人的名字分别记入学分档案。这个做法让钱先生很得意，并希望别的学校也能按照这个方法执行。在他到燕京大学兼课的时候，也要求这样批改试卷。但是，他碰了钉子，校方将他送来的卷子原样退回，未能按照钱先生的意思执行。这让钱先生很恼火，顿时也来了脾气，毫不退让，又将考卷原封不动地退了回去。校方很生气，警告钱先生，如

再次拒绝判卷，将按照校纪对他进行惩罚，扣发一定数额的薪金。

尽管如此，钱先生仍然没有让步，他立刻回信一封，说“判卷恕不能从命，现将薪金全数奉还”，并将钱附于信内。钱先生的坚持，让更多学校懂得要尊重他的习惯与做事风格。

不要苛求所有人的认同，不要为了迎合别人而改变。钱玄同的做法先不论好坏，但他这种授课方式却令人印象深刻。

换句话说，只要自己心中有底气，就不怕别人的不认同。但是如果不坚持自己的方式，最后只有一个结果，那就是随波逐流，被人忽视与遗忘。

“扬州八怪”之一的郑板桥，为官时因为开仓放粮救济穷人，被皇上撤了职。

于是，郑板桥乘船顺着大运河准备回扬州老家。一日，在归途中，他看到码头停泊着一条官船，桅杆上挂着“奉旨上任”的旗子，船上的恶仆要所有民船回避。这条船的主人叫姚有财，是朝廷一个大奸臣的儿子，此人不学无术，靠着父亲的实力，花钱买了个乌纱帽。

郑板桥见此情形，实在看不惯，心想：“你奉皇上的旨意上任，我奉皇上的旨意革职。咱们都是‘奉旨’行事。你神气什么？”于是，郑板桥找来一面小旗子，写上“奉旨革职”四个大字，挂在小船上。

姚有财看到迎面有一只小船挂着“奉旨革职”的旗子，很奇怪，派人去打探。当他知道是郑板桥后，立刻前去索要字画。郑板桥询问前来之人是谁？对方答是姚有财。看到他的这副模样，郑板桥心生妙计，挥笔写了一首诗：“有钱难买竹一根，财多不得绿花盆。缺枝少叶没多笋，德少休要充斯文。”姚有财接到这副字画后，气得不知道该如何是好。原来，郑板桥做的是藏头诗，把每句开头的第一个字连起来就是“有财缺德”。

“一肩明月，两袖清风”的郑板桥，罢官回家只带了黄狗一条、兰花一盆。一天夜里，郑板桥辗转难眠，突然听到有小偷进来。郑板桥原想吓唬小偷，但自己又难以对付，于是佯装熟睡。可如果让小偷随意拿东西，又觉得不甘心。寻思过后，郑板桥心生一计。

这时候，小偷已近床边，他翻身朝里，低声吟道：“细雨蒙蒙夜沉沉，梁上君子进我门。”小偷闻声暗惊。

接着，郑板桥又喃喃自语：“腹内诗书存千卷，床头金银无半文。”小偷心想：“不偷也罢。”转身出门，又听里面说：“出门休惊黄尾犬。”小偷心想：“既然有恶犬，为什么不逾墙而出呢？”正欲上墙，又听到郑板桥的声音：“越墙莫损兰花盆。”小偷一看，墙头果有兰花一盆，于是细心避开，足方着地，屋里又传出：“天寒不及披衣送，趁着月黑赶豪门。”

正是郑板桥这种独特的行事风格和个性，让他的故事和字画流传至今，他坚韧的性格中带着幽默，不得不说是名副其实的怪才。

现如今，有些人误以为个性是一种无知，是一种叛逆。其实并非如此，真正的个性是精神力量的升华。想要成为一个独特的人，就必须有自己的个性。这种个性不是伪装或者模仿的，而是从自己的内心散发出来的独特的气质与性格。

勇于“自我接受”

你可真是够迷你的。
是啊，浓缩的都是精华。
每个人都有自己的缺点、短处、过失，我们对此要勇于自我承认以及自我肯定。摘掉“面具”，能够始终保持个性与独立人格，并有自我欣赏的能力是十分重要的。

《竹石》中有言：“咬定青山不放松，立根原在破岩中。千磨万击还坚劲，任尔东西南北风。”司马光一生纵横官场，为国为民，始终有他温良谦恭、刚正不阿的个性在其中相助，其在《园樱伤老也》中写道：“个性泛舟，载纵载横。”屈原一生政治理想得不到伸张，不受国君重用，依然四处奔走呼号，甚至不惜以死明志，无他，高尚孤洁的个性使然。正所谓“美服患人指，高明逼神恶”，他的个性让自己不容于朝堂之上，也让自己名垂千古。

追求个性发展是人生永恒的课题，无论出于实现个人价值的目的，还是促进社会发展的需要，都应当立足于对自身的全面分析，有针对性地追求自我个性的充分发展，以便使自己适应社会选择。个性需自己掌控，过分突出或者过分压抑都不是上策，适当有点个性又不显得突兀才适宜。

做一个与众不同的自己，做一个真正的自己。穷富也好，得失也罢，不过是过眼云烟，人生如梦，岁月无情，莫让人生短暂的几十年尽皆虚度。

找出自己的优势，确定属于自己的位置

成功心理学创始人之一、盖洛普咨询有限公司名誉董事长唐纳德·克利夫顿说过：在成功心理学看来，判断一个人是不是成功，最主要的是看他是否最大限度地发挥了自己的优势。

换句话说，如果一个人能够善于挖掘自己的优势，找到自己的位置，那么便可发挥出不可估量的能力，创造出巨大的价值！

著名学者胡适初到美国留学的时候，选修的是农业学，然而，30 多种苹果树却难倒了胡适。30 多种苹果树，花了 2 个半小时，却只能分辨出 20 种，对此他十分烦恼，自知不是学农的料子，胡适决定学历史和文学。

塞翁失马，焉知非福？

后来，胡适取得了哲学博士学位，既发挥了他在文艺范畴内的优秀水平，又摆脱了他在农学院的尴尬境地。胡适学成回国，担任北大教授，参加新文化运动，矗立在舆论的顶峰，成为新文化运动的领袖人物。

蔡元培先生学富五车、德高望重，曾任北大校长。北大藏龙卧虎，无论是教授还是学生，都是各方精英，如何处理他们之间的关系，管理好学校，对蔡先生来说是一个挑战。但是，蔡先生没有被难倒，而是做出了一番成就。他先是开创了兼容并包的办学理念，创立教授治校的行政体系，又启用大批新人，以胡适、蒋梦麟为副手辅助管理。

在管理北大时，蔡元培先生主要统管大局，与当时的政府交流，把治校的具体问题交给他人，放权给他人，调动和发挥他人的积极性和才能。此外，蔡元培也利用北大校长的身份，让一大批有学之士能够在政治、学术舞台上展现自我，譬如胡适、梁漱溟，等等。

一个成功的人，一定具备这样的能力：懂得发扬自己的长处，规避自己的短处。曾经有人说过“人必须悦纳自己，扬长避短，不断前进”。汉高祖刘邦知人善用，招揽了不少能人志士为他打江山，手下将领更是各有过人之处。

一次，刘邦和众将讨论谁的统军本领最高，有人觉得是周勃，有人说是韩信，众人纷争不已。

这时，刘邦问韩信：“你觉得像我这样的人，能带多少士兵？”

韩信立刻回答说：“陛下最多统领10万人。”

刘邦继续追问道：“那你又能带多少士兵呢？”

韩信毫不谦虚地回答：“我嘛，当然是越多越好。”

这让刘邦很不悦，讥讽地问道：“噢，既然你有如此才能，甚至高过于我，那你为什么却俯首称臣于我呢？”

韩信不慌不忙，机智地回答说：“陛下虽不善于带兵，但善于统领将领。 而且陛下的能力是天生的，不是人们努力所能达到的。 我等将领当然服从于陛下了。”

韩信这巧妙的回答，让刘邦立刻和颜悦色，暂时消除了刘邦对他的戒心。 不仅如此，他还借此向刘邦说明了自己的优点。 “骏马能历险，耕田不如牛。”人各有志，各有所长，并无绝对的高低之分，只有认清楚自己的优点所在，把自己放到合适的位置上去，才可以让自己得以施展才能。

世界上的路有千万条，但最难找的就是适合自己走的那条。 因此，每一个人都应根据自己的特长来设计自己的路。中国现代诗人梁宗岱曾用这样一句话概括自己：“我在生活上最爱野朴与自然，在艺术上极醉心于格律与谨严，而我最大的野心就是要在极端的谨严中创造极端的自然。”

每个人都应该尽力找到自己的最佳位置，找准属于自己的人生跑道。 当你的事业受挫，不必灰心也不必丧气，相信坚强的信念定能点亮成功的灯盏。

不要过分在意他人的评价

面对无关紧要的评价，要有点“充耳不闻”的智慧。这里所说的“充耳不闻”，并不是说堵住自己的耳朵，不去听外界的声音，而是说，一个人只有专注于某事，不被外界干扰，才真正能够做好这件事。

当别人夸赞自己时，不要骄傲自满，要知道自己的不足；当别人诋毁、否定自己时，要保持自信、坦然面对。这样才是一个内心强大的人，才不会纠结于外在的东西，才不会被讥讽或批评击垮。

王潘是西晋名将，他巧用火烧铁索之计，大败吴军。国家又重新归于统一，王潘功不可没。对此，群臣很嫉妒，编造谣言污蔑。

安东将军王浑说“王潘不服从指挥”，要求治罪，后又诬陷王潘攻入建康后，怂恿部下大量劫掠吴宫珍宝。王潘虽功勋卓著，但他深知污蔑的可怕，历史上功臣反被害死的例子数不胜数。当年，消灭蜀国、收服刘禅的大都督邓艾，就是在获胜之日被谗言害死的。他怕自己也落得如此下场，于是便一再上书，陈述战场实况，辩解自己的冤情。最后，晋武帝司马炎不但没有治他的罪，还力排众议，对他论功行赏。

对于这件事，王濬并未真正放下，每当想到自己立下大功却让那些大臣不满，还遭受谗言的诬陷，差点丧命时，就感到气愤不已。为了发泄自己心中的不满，并表明自己的劳苦功高，他每次拜见晋武帝时，都一再陈述自己在伐吴战役中的辛劳和被人冤枉的悲愤，有时候还言辞激愤，触怒了龙颜。

王濬的亲戚范通知道此事后，立刻劝慰王濬："你虽立下大功，却没有做到最好。"

王濬十分不解，问道："此言何意？"

范通解释道："如若你凯旋之日，退居家中，不多提伐吴之事，他人问你时，你能够多谦虚一些说'是皇上的圣明、诸位将帅的努力，我有什么功劳可夸的！'这样就不会遭人嫉妒，王浑将军也就不会诬陷你了！"

王濬惭愧道："您说得对！当日，我惧怕邓艾之事在我身上重蹈覆辙，便上书辩解，不过我不应该不断地计较于此，屡犯圣颜，这事情的确是我做得不好！"

后来，王濬按照范通的话去做，不再去争抢和辩解什么。很快，谗言就不辩自息了。

古人说："文武之道，一张一弛。"不要一听到不公正的评价就暴跳如雷，不要一听到拍马溜须之词就心花怒放。要学会保持一颗淡然的心态，不去"听闻"和在乎那些不公的指责，秉承"有则改之，无则加勉"的原则，从容地接受一切外来的声音。

由此可见，我们不应该过分在意他人的评价。一个人做得再好，也会有人说不好；一个人再不好，也有人说好。别人说你好，你未必就真的好，别人说你不好，你未必就真的不好。 有时候，好与不好，不能简单从表面来判断。

人生在世，我们总会听到别人对自己不同的评价，有人说出来的是对自己的赞美，有人说出来的是对自己的批评，有人说出来的是对自己的误解……面对这些看法，如果我们过分在意或关注，受到伤害的只能是自己。 其实，别人一时的评价并不是对你的肯定或否定，只是对某件事或某个行为的判定。

总而言之，只有过分在意他人评价的人才会被外界的评价影响，睿智的人往往都会笑着面对批评。 学习那些睿智的人吧，对那些无关紧要的话，不管好听与否，都仿佛未曾听闻一般，不放在心上，继续按照自己的步伐去追求自己的理想，做好自己应该做的事情！

学做一个“充耳不闻”的聪明人。 淡定不是无怒，而是巧妙应对！ 与其多想，不如不想，与其多闻，不如不闻，千万不要庸人自扰。 淡定不是软弱，而是虚怀若谷！

PART 02

随性：顺其自然，豁达人生

不必跟命运争吵，学会顺其自然

一个即将出嫁的女孩，向她的母亲提了一个问题："妈妈，婚后我该怎样把握爱情呢?"

"傻孩子，爱情怎么能把握呢?"母亲诧异地问道。

"那爱情为什么不能把握呢?"女孩疑惑地追问。

母亲听了女孩的问话，笑了笑，然后慢慢地蹲下，从地上捧起一捧沙子，送到女儿的面前。女孩发现那捧沙子在母亲的手里，圆圆满满的，一点儿都没有撒落。接着，母亲用力将双手握紧，沙子立刻从母亲的指缝间泻落下来。当母亲再把手张开时，原来那捧沙子已所剩无几，且早已被压得扁扁的，毫无美感可言。

女孩望着母亲手中的沙子，若有所悟地点点头。

爱情如手中的一捧流沙，你握得越紧，流失得越多。爱情不能完全用理智把握，需要我们用心体会和感受。

生活中有许多东西是可遇而不可求的，有时能有某种体验就足够了。不属于你的，大概永远也不会属于你，譬如天上的月亮。你想真正得到你所珍惜的东西最好顺其自然，如果它微笑着翩然而至，它将永远属于你；如果它无意降临，你又何必像放风筝似的，死死吊住它不放？

学会包容，让自己有一个坦然的心境。不要硬逼着自己去选择，因为有时越害怕失去就越容易失去，相反，主动丢弃反而会创造新机遇。

英国退役军官迈克莱恩，曾是一名探险队员。1976年，他随英国探险队成功登上珠穆朗玛峰，在下山的路上，他们遇上了狂风大雪，每行一步都极其艰难，最让他们害怕的是，风雪根本就没有停下的迹象。这时，他们的食品已为数不多，如果停下来扎营休息，他们很可能在没有下山之前，就会被饿死；如果继续前行，大部分路标早已被大雪覆盖，不仅要走许多弯路，而且，每个队员身上所带的增氧设备及行李等物，会压得他们喘不过气来，这样下去就会步履缓慢，他们不饿死，也会因疲劳而倒下。在整个探险队陷入迷茫的时候，迈克莱恩率先丢弃所有的随身装备，只留下不多的食品，轻装前行。

他的这一举动几乎遭到所有队员的反对，他们认为现在离下山最快也要十天时间。这就意味着这十天里不仅不能扎营休息，还可能因缺氧而使体温下降，导致身体被冻坏。那样，他们的生命，将是极其危险的。而面对队友的顾忌，迈克莱恩很坚定地告诉他们：“我们必须而且只能这样做，这样的雪山天气十天半月都有可能不会好转，再拖延下去，路标也会被全部掩埋，丢掉重物，就不允许我们再有任何幻想和杂念，只要我们坚定信心，徒手而行，就可以提高行走速度，也许这样我们还有生的希望!”最终队员们采纳了他的意见，一路上相互鼓励，忍受疲劳和寒冷，不分昼夜前行，结果只用了8天时间，就到达了安全地带。而恶劣的天气，正像他所预料的那样，从未好转过。

若干年后，位于伦敦的英国国家军事博物馆的工作人员找到迈克莱恩，请求他赠送任何一件与英国探险队当年登上珠穆朗玛峰有关的物品，不料收到的却是莱恩因冻坏而被截下的10个脚趾和5个右手指尖。当年的一次正确的放弃，挽救了所有队员的生命；也是由于这个选择，他们的登山装备无一保存下来，而冻坏的指尖和脚趾，却在医院截掉后，留在了身边。这是博物馆收到的最奇特而又最珍贵的赠品。

我们总是喜欢朝着自己既定的目标奋力拼搏，却不是每个人的愿望和理想都能实现。很多时候，埋没天才的不是别人，恰恰是自己。成功的路径不止一个，不要循规蹈矩，更不要放弃成功的信心，此路不通，就该换条路试试。

顺其自然吧，这样你会发现你的内心会渐渐清朗，而思想的负担也会随之而减轻许多。的确，顺其自然可以说是经历了万千风雨之后的大彻大悟；是领略了人生的峰回路转之后的空灵；也是一种幽幽暗暗、反反复复追问之后的无奈。

甘于平淡的生活

我觉得我的人生都在日复一日的工作中被消磨没了，人生好无趣。

平平淡淡才是真，你把心理预期降低，就不会那么难受了。
生活本就是平淡无奇的，每个人都曾在某一刻觉得生活是无趣的、没有盼头的，但心态才是根本。有良好的心态和意识，乐于去感受生活的每分每秒，平淡的日子也可以过出诗意。

别太精明，工于心计是最大的愚蠢

做人要聪明，而不要过于追求精明。聪明的人一般不计较眼下的区区得失，而是把眼光放长远，时刻有一个总体的目标，所有的努力都是为这个目标而服务的。虽然他们的好多行为让别人看起来都是没有多大好处，甚至很吃亏。但是他们心里清楚，自己的努力肯定在将来会得到巨大的利益回报。

可在现实生活中常常有这样一种人，他们斤斤计较个人得失，为了一点小小的利益能与他人争破头皮，从来不肯吃一点小亏。而他们似乎也因为自己的“聪明”而获利不少，比如，单位给员工发放一批福利品，最后剩下一件，某个精明的职员就会跳出来，以某种借口将其据为己有，而其他同事也不好意思说什么；又或上司分给部门一个临时任务，这个员工一看任务有些麻烦，便借故推给其他同事，自己则一身轻松……这种表面上看似精明的人，看起来似乎十分实用，实际上却犯了为人处世中的一大禁忌。

在与他人相处的过程中，最怕的就是太过精明，去斤斤计较。相反，如果能够与他人友好和谐相处，做到宽容别人，那么就没有处理不好的人际关系，也没有化解不了的恩恩怨怨。

在这个问题上，有些人处理得很好，有些人则处理得不好。于是我们经常可以看到，有些人受到人们的欢迎，在生活中如鱼得水；有些人却四面树敌，很难与周围的人相处。为什么会造成这样的情况呢？究其原因多种多样，社会是由人的群体组成的，而每个人又有着各自不同的生活经历、不同的兴趣爱好、不同的文化背景和性格，这些不同的人组合在一起，形成了一个个或大或小的生存环境。在这样的环境里要营造和谐的人际关系，对于每一个人来说，都是一个无法回避但又需要正确对待的问题。

有些人在与他人相处中，“利”字当头，什么亏都不能吃，什么便宜都想占，总在算计着别人，以为别人都不如他们聪明，而可以从中揩点油，讨点便宜，好像这样做就会比别人能过得好些。这种人功利心太重，把功利当作人际关系的首要，他们日子过得很累、很紧张，过得很缺乏乐趣。因为，这样的人会经常遇到许多“庸人自扰”的事情。比如说，别人很随意说的一句话，干的一件事，也许什么别的目的也没有，但对于那些所谓的精明者就会浮想联翩，晚上回到家里，躺在床上也要细细琢磨，生怕别人有什么阴谋会使自己吃亏。这种人往往最被人看不起，甚至会招致他人的冷言讥讽。

相反，如果能够在生活中与人为善，以宽阔的胸怀待人处世，尽量不去与他人计较琐碎的利益，做到目光长远、宽容大度，为自己和他人营造出一个良好的生活、工作、学习氛围，这样的人怎么能不处处受到别人的敬佩和欢迎呢？

有的人与他人的关系不好，就是因为过于计较自己的得失，甚至是锱铢必较，老是争求种种“好处”，久了难免惹起周围其他人的反感。而那些暂时得到的利益未必能带长久的好处，反而弄得自己心神疲惫，失去良好的人际关系，得不偿失。如果对那些细小的不会影响自己前程的好处多谦让一些，这种豁达的态度无疑会赢得人们的好感。

为人处世，你来我往，无法做到绝对公平，总是要有人承受不公平，要吃亏。倘若人们强求世上任何事物都公平合理，那么，所有生物链一天都无法生存——鸟儿就不能吃虫子，虫子就不能吃树叶，世界就得照顾万物各自的利益。既然吃亏是无法避免的，那何必要去计较不休、自我折磨呢？

事实上，人与人之间总是有所不同的。别人的境遇如果比你好，那无论怎样抱怨也无济于事。最明智的态度就是避免提及别人，避免与人比较。而你应该将注意力放在自己身上，“他能做，我也可以做好”。

一个人想要把生活过得快乐、舒适，单靠东捞一点，西占一点，靠算计别人是徒劳的，我们生活得是否轻松愉快，很大程度上要靠真诚、信赖、友好，碰到难处互相帮助，有了好处大家分享。这就要求我们每一个人都不必太精明，不必担心自己失掉些什么。大家需要相互谦让、相互奉献、相互让利，关系融洽和睦比什么都好。不太精明的人容易和大家成为朋友，就因为大家可以正常相处，少有功利，多有温情，不必处处抱有戒心，有安全感。

我们做人不要太复杂，在为人处世中也不要太精明，但应该拥有智慧。在生活中，许多人并非真的糊里糊涂过日子，他们是简单的智者，是聪明的做人。智者是不会患得患失，也不会困在世俗的鸡毛蒜皮之事而无法自拔，这样的人心胸开阔，为人豁达，他的人生也一定会更有意义，会更有价值。

从前，有个商人买了许多盐，驮在驴背上，驴不小心掉进了小河里，盐被河水溶化了，上岸后只剩下空空的袋子，驴感到很轻松。过了不久商人又让驴子去驮盐，当经过小河的时候驴子故意掉到了河里，它又一次轻轻松松地回了家。商人发现后很是恼火，第三次的时候给驴装了两袋子海绵，驴子再次故意掉进河里，结果它差点被淹死。

一些喜欢玩心计的人，自以为工于心计能显示自己的聪明与高明，其实，那是最大的愚蠢与糊涂。

然而，“心计”却并非纯粹是贬义词，工于心计不好，但并不是说人生在世完全不需要心计，应该说只要不是以欺骗与愚弄他人为前提的心计，可以提高生活质量。因为人际关系错综复杂，不多动些脑子，不多想些法子是不可能处理好的。万花筒般的世界不断地处于变化之中，没有心计是应付不了的。这种平和的心计与蓄意险恶的工于心计完全不是同一个概念。

为人处世要有心计，在某种意义上来讲是一个人聪明的表现，但需要强调的是，聪明是一笔财富，关键在于怎样使用。那些脱离正道的聪明，最终带来的只能是悲惨的结局。在现实生活中，竞争是激烈的，如果太工于心计，把心思放在“算计别人”上，是一件费时、费力，而且不道德的事情。这样做的人最终得到的是两个字：失败。例如，《红楼梦》中的王熙凤，在贾府算是一个精明之人。在一个复杂的环境里，势必要工于心计，才能生存。所以，为了巩固自己在贾家的地位，王熙凤很清醒地对各色人等采取了不同策略。对贾母奉承，对王夫人听从，对邢夫人应对，对地位高的大丫鬟称姐道妹，对下人严厉，对没地位的妾苛刻，对情敌死磕，置之死地而后快。结果到最后，机关算尽太聪明，反误了卿卿性命，最终落得个草席加身、不得善终的悲惨结局。

孙膑曾与庞涓一起师从鬼谷子学习兵法。庞涓下山后，投奔魏国，得到魏惠王的宠信，被任为将。庞涓自忖才能不及孙膑，害怕他下山到魏国后影响自己的前程，更担心他到别国后成为自己的对手，于是决定设计陷害孙膑。不久，庞涓派人上山，以同朝为官为由，劝孙膑赴魏。孙膑不知是计，欣然允诺。不料一到魏国，便落入了庞涓的圈套，被诬告私通齐国。魏惠王听信庞涓谗言，无端处孙膑以膑刑，挖掉了他的两块膝盖骨，使之终身残疾。按当时的惯例，刑徒是不能为官的。庞涓试图以此断送孙膑的政治前途，消除一个潜在的对手。

然而事情并未如他所愿。孙膑虽身处危境，却显示出卓越的智慧。他佯狂自晦，并设计归齐，得到大将田忌的赏识；又通过著名的“田忌赛马”显露出惊人的才华，得到齐威王的器重，被任为齐国的军师。

公元前354年，齐国应赵国之请，以田忌为将，孙膑为军师，率军击魏救赵，伏击庞涓大军，取得“桂陵之战”的胜利。12年后，魏国攻打韩国。齐威王采纳孙膑“深结韩之亲而晚承魏之弊”的建议，再次以田忌为将、孙膑为军师，出兵救韩。孙膑依然采用围魏救赵的计策，痛击魏国10万大军，智穷力竭的庞涓在马陵愤愧自杀。

虽然我们面对复杂的社会，生活未免有些忙碌和苦累，但做人不应该太复杂，不可工于心计，而应以一颗平常心去期盼、去对待、去体谅、去关怀、去面对现实，面对身边的一切。

坦然一点，把自己看得笨拙些

当今世界变化之快，使得我们免不了有时跟不上时代的节拍，可如果是硬要戴上时髦的面具去拔高自己的档次，那一定会把自己搞得非常狼狈。世界并不是一下子就能看透，我们的视野毕竟有限，可如果硬要拿愤世嫉俗的感慨来掩饰自己的浅薄，那一定会演出蹩脚的闹剧。

把自己看得太聪明的人，往往被生活所嘲弄，而把自己看得笨拙些的人，或许还会给人们惊奇。承认自己笨拙的人很容易放下什么都懂的假面具，有勇气袒露自己的无知，毫不忸怩地表示自己的疑惑，不再自命不凡，自高自大，培养起健康的心态。

在生活中，我们应该保持一颗平常心，坦然面对一切。即使小有成就，也不需太得意；即使遇到挫折，也不要消极失望。此外，做人不可自以为是，做事切忌急于求成。事业的成功需要一个水到渠成的过程，急于求成可能导致功败垂成。

拿破仑是从炮兵干起的，卓别林是从跑龙套开始的，人的成长需要一个过程，这个过程不是任何文凭、学位可以缩短或替代的，否则就会出现断层，就会成为空中楼阁。“没有人能够随随便便成功”，这是一句歌词，也是一条真理。“随便”是指浮躁、空想，只有去掉这些，发扬务实的精神，万丈高楼才能拔地而起。初入社会是一个人的品质和生涯定格的时期，如果你能在这个时期树立起务实的精神，扎扎实实地练就基本功，那么还有什么能阻碍你成功呢？由此可见，越是那些别人不屑于去做的事情，越要做好，只有从基础做起，处理好小事，才能打好基础，培养起处理大事的能力。

有人曾经问李嘉诚做生意最大的收获是什么，他回答道：“那就是诚信，就是不妨把自己想得笨拙一些，而不是投机取巧……”好一个“笨拙”精神！这句话贯穿在李嘉诚的经商活动中，而做人何尝不是这样？面对当今瞬息万变的社会，我们免不了有时跟不上“新潮”，可总有些东西不管在任何条件下都离不了，比如像“不耍小聪明的笨拙精神”。

拥有笨拙精神的人，可以很容易地控制自己心中的激情，避免设定高不可攀、不切实际的目标，也不会凭着侥幸去瞎碰，不敢为了玩潇洒去放纵，而是认认真真地走好每一步，踏踏实实地用好每一分钟，并甘于从不起眼的起点出发，还能时时看到自己的差距。那份笨拙感，催发起的是实实在在的上进。

对于那些把自己看得笨拙些的人，他们可以毫无顾忌地袒露自己的无知，可以毫不扭捏地表示自己的疑惑。未被污染的纯真好奇，激荡起的是真切痴情的向往。那份笨拙感，唤起的是明明白白的找寻。

笨拙是解脱巨大心理打击的巧妙安慰，更是要求自己振作的强硬理由，那份笨拙感，带给人的是不骄不躁的清醒。把自己看得笨拙些，更能使人坦然处世，同时平静自省。如果成功了，因为笨拙的显影，自己没情绪得意；如果失败了，因为笨拙的反衬，自己也没必要太失望。

笨拙不会使人头脑发热，盲目自信，赤膊上阵做傻事，它叫人遇事三思看好了左右再动手。把自己看得笨拙些，会使人时常拿实力与自信对比，时常拿困惑与激情相碰撞，不轻易冒险，冒了险就要有收获。

把自己看得笨拙些，不是拿自卑削弱斗志，更不是用软弱替无为辩解，而是为了从笨拙出发开创一个不笨拙的境界。

摘下面具，保持自己的个性

当年，贝蒂·福特成为美国第一夫人时，她即以坦白率直闻名。当那些紧追不舍又唯恐天下不乱的新闻记者问到她对各种问题的观点时，她总是直率而坦白地回答。有一次，一个冒失的记者甚至问她和丈夫做爱的次数时，她竟能从容不迫地回答："尽我所能的多。"另外，她也从不隐瞒有关她早期精神崩溃及服用药物、酒精等不怎么"光荣"的过去。福特夫人这种坦诚的个性赢得了美国人民的爱戴。

教皇保罗八世之所以到处受欢迎，部分原因是他完全不掩饰。他一生都很胖，而且出身于贫苦的农家，但他从不掩饰外貌与出身的缺陷。在他当上教皇后，有一次去拜访罗马的一所大监狱，在他祝福那些犯人时，他坦诚地说他这一次到监狱是为了探望他的侄子。很多人认为他是耶稣的化身，除了他知道怎样分享别人的苦乐外，另一原因就是他"不戴面具"地生活。

不管无意或有心，我们每个人多少都在掩饰自己。尤其当我们在公众中生活或从事自己认为重要的事情时，“表演”痕迹就愈加明显，一切都十分“完满”“合乎规范”，个性完全被淹没了。

从我们来到这个世界的那一刻起，我们便得到了家人及社会的关怀与关注，我们便拥有了生存权、受教育权、发展权等基本人权。直到我们开始受教育起，没有人要求对这些恩赐进行回报，没有人要求我们对家人、对社会尽什么义务。但是，我们不可能一直都如此，当我们有了独立生存的能力时，我们必须对家人，对社会尽一定的责任。这就客观的要求我们每一个人都寻找着在这个社会的立足点，选择奋斗方向，明确奋斗目标。而在实现这一目标的奋斗过程中，总会遇到这样那样的可预知和不可预知的事情，解决这些问题，在寻找切实可行的方法的同时，保持自己独特的个性，以本色天性面世，坦然面对身边的人和事是非常重要的。

保持个性就是接受我们现在的样子，包括一切过失、缺点、短处、毛病以及我们的资产与力量，做到自我承受。但是，我们要认清这些否定面是属于我们，而不是等于我们，我们的“自我接受”就会更加容易。很多人坚决地认为他们等于“错误”，因而丢弃了健全的“自我接受”。你或许会犯一个错误，但这并不是说你等于一个错误，你或许不能适当而充分地表达自己，但这并不是说明你就是“不好”。

金圣叹是明末清初的一位大文人，他满腹才学，却无心功名八股，安心做个靠教学评书养家糊口的“六等秀才”。在独尊儒术、崇尚理学的时风中，偏偏独钟为正统文人所不齿的稗官野史，被人称为“狂士”“怪杰”。他对此全不在意，终日纵酒著书，我行我素，不求闻达，不修边幅。

清顺治十八年三月清世祖驾崩，哀诏传至金圣叹家乡苏州，苏州书生百余人以哭灵为由，哭于文庙，为民请命，请求驱逐贪官县令任维初，这就是震惊朝野的“哭庙案”。清廷暴怒，捉拿此案首犯19人，全部斩首。金圣叹也是为首者之一，自然也难逃灾厄，但他毫不在乎，临难时的《绝命词》，没有一个字提到生死，只念念不忘胸前的几本书，赴死之时，从容不迫，口赋七绝。《清稗类钞》记载，他在被杀的当天，写家书一封托狱卒转给妻子，家书中也只写有：“字付大儿看，盐菜与黄豆同吃，大有胡桃滋味，此法一传，吾无遗憾矣。”

个性是天生的，个性是不能选择的。它虽然在后天可以得到优化和改造，但其基本的东西即性质是不会改变的。伟大的剧作家莎士比亚曾说过：“你是独一无二的。”这是最高的赞美。

我们为何经常要躲在面具的后面？我们踌躇于表现自己和保护自己的冲突之间，我们也长久在追求功名、保持隐私之间挣扎与矛盾。

你是否曾有过和某人一见面，便不由得心情愉悦，并有和他进一步交谈的动机呢？有些人对他人的交游广泛感到很不可思议。其实博得人缘的秘密，除了实力这个因素外，就是在于一个人是否有魅力。

个人魅力并非一朝一夕便能营造而成，它是由许多因素共同构成的，但最重要的是用体谅别人的心去学习成长，如此必能得到众人真心的喜爱。要达到这个目标，说穿了其实也不容易，先决条件就是“摘掉面具”，保持个性。

人生活在世间，能以本色天性面世，不费尽心机，不被那些无谓的人情客套、礼节规矩所拘束，能哭能笑，能苦能乐，泰然自在，怡然自得，真实自然，保持自己的个性特征，岂不是一件乐事？

历史上凡是有思想的人都是个性十分鲜明的人，没有个性便没有创造力，更没有主见，没有独立的人格，也就不会有深邃的思想。每个人的个性都会有所不同，但保持自己独特的个性，正确地认识、分析自己，扬长避短，就一定会赢得大家的尊重，同时也会有助于你的事业。

PART 03

养性：学会释然，让自己更轻松

放松并快乐着

如果你发现自己耳边充斥着各种让人烦躁的噪音，整日忍受着繁忙工作，家庭琐事的无穷折磨，每天的神经都绷得紧紧的，得不到一丝喘息的机会，那你就真该好好计划一下，找点时间，让自己彻底放松一下。

生命的过程就如同参加一次旅行，你可以列出清单决定背包里该装些什么才能帮你到达目的地。但是，记住，在每一次停泊时都要清理自己的背包。什么该丢，什么该留，把更多的位置空出来，让自己的肩头更轻松、更自在。

有一位讲师在讲授压力知识的课堂上拿起一杯水，然后问学生说：各位认为这杯水有多重？

学生有的说200克，有的说300克不等。

讲师则说：这杯水的重量并不重要，重要的是你能拿多久？拿1分钟，各位一定觉得没问题；拿1个小时，可能觉得手酸；拿1天，可能得叫救护车了。其实这杯水的重量是一样的，但是你拿得越久，就觉得越沉重。

缓解压力的方法

加强体育锻炼

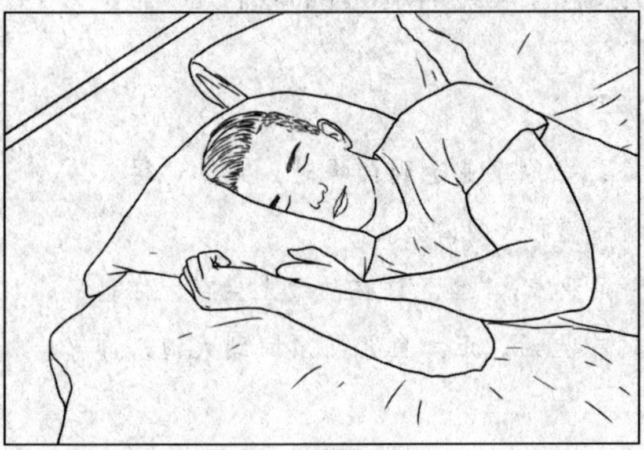

保持充足睡眠

和朋友倾诉

这就像我们承担着压力一样，如果我们一直把压力放在身上，到最后我们就觉得压力越来越沉重而无法承担。我们必须做的是，放下这杯水休息一下后再拿起来，如此我们才能够拿得更久。

这个故事就如同我们在爬山，行走途中也不要忘了驻足片刻，欣赏山外的风景，可是，现代人忙碌得如同陀螺打转，又有多少人会放慢脚步，注意身旁美好的事物呢？ 我们脑子里装的尽是排得密密麻麻的行程表，整日为工作烦心，还要被拥堵的交通搞得心力交瘁。 在这种情况下，我们几乎忘了自己的存在。

有一位企业家，当他事业达到巅峰时，突然觉得人生无趣，特地来到寺院向大师请教。

大师告诉这个企业家："鱼无法在陆地上生存，你也无法在世界的束缚中生活；正如鱼儿必须回到大海，你也必须回归安宁。"

企业家无奈地回答："难道我必须放弃一切事业，进入山里修炼？"

大师说："不！你可以继续你的事业，但同时也要回到你的心灵深处。当回到内心世界时，你会在那里找到祈求已久的平静。除了追求生活的目标外，生命的意义更值得追寻。"

这个故事告诉我们，在追求事业的过程中，不要一味地打拼，甚至迷失了自己，要知道我们工作的目的是什么，意义又在何处，要懂得关爱自己，和自己独处，给心灵找一个休憩地，让自己回归生命，回归自然，也是一种不可不知的幸福。

紧张是一种习惯，放松也是一种习惯。坏习惯可以改变，好习惯也可以慢慢培养。学会放松，你的生活将得到很大改善，心灵得到彻底净化。

远离喧闹的人群，学会放松自己，才能让我们重新认识到自我的存在。放松有助于减轻快节奏生活造成的压力，带给你安详平和的心境。那么如何才能学会放松呢？我们可以试着练习一些技巧。但是，在练习这一放松方法时，首先应该为自己找一个能使自己心情平静和放松的目标——即诱导物，用于训练过程。常用的诱导物有：能让你放松的声音或语句(如听大海的浪涛，或默念“放松、放松……”)；或是优美的特殊东西(也许是一幅你喜欢的画)；或是能让你平静的情景(如乡下某个幽静的地方或海滨的沙滩)。当你练习时，做到以下几点有助于你的放松效果：

先选择一个舒适的姿势坐着，然后闭上眼睛。

我们可以试着想象一下自己的身体正逐渐变得发沉和放松。然后用鼻子吸气，并把注意力集中于你的吸气过程。呼气时，注意心理感受，且呼吸要自然、放松。不要担心自己能否掌握这一方法，按照自己的节奏让自己紧张和放松。

我们在练习的时候，可能会有一些分散注意力的念头进入我们的脑海里，对此不必担忧，也不要沉溺于这些念头，只要继续注意我们的心理感受和呼吸。练习持续的时间就是你能感到放松的时间。在这一过程中有的需要 2 分钟，有的需要 4 分钟，结束练习的判断标准是你感到放松。

当我们做完以上练习后，可以先闭上眼睛静静地坐一会儿，然后再睁开双眼。注意起身时，动作不要太快、太猛烈。

这种练习方法比较简单，我们一天可以多做几次，1 小时花上几分钟练习一次，或在喝咖啡、饮茶、用餐的时间进行练习，或在等候他人的时间进行练习，或开车时间过长感到累时进行练习。经过一段时期的反复训练，放松练习已成为日常生活的一部分。此时，你将随心所欲地达到放松。

把令你沮丧的事放下

人在心情不好的时候，总会不自觉地把坏心情抱得更紧，认为所有人都和自己作对，关上门不跟人说话，嘟着嘴生闷气，锁着眉头胡思乱想，结果心情更坏、更难过。所以，人要学习放下心情，拒绝让它折磨才行。

在《星云禅话》中有一则故事，讲得很生动，对我们很有启发性。这故事讲的是一位行者经过险峻的悬崖时，一不小心掉落山谷，情急之下攀抓住崖壁下的树枝，上下不得，祈求佛陀慈悲营救。

这时，佛陀真的出现了，伸出手过来接他，并说："好！现在你把攀住树枝的手放下。"但是行者执迷不松手，他说："把手一放，势必掉到万丈深渊，粉身碎骨。"行者这时反而更抓紧树枝，不肯放下。这样一位执迷不悟的人，佛陀也救不了他。

坏心情就是紧抓住某个念头，死死握紧，不肯松手去寻找新的机会，发现新的思考空间，所以陷入愁云惨雾中。

其实，人只要肯换个想法，调整一下态度，或者修改一下作息时间，就能让自己有新的心境。只要我们肯稍做改变，就能抛开坏心情，迎接新的处境。心理专家告诉我们："把令你沮丧的事放下，洗把脸把无精打采的愁容洗掉，修饰一下仪容以增强自信，想着自己就是得意快乐的人。注意！装成高兴充满自信的样子，你的心情会好起来。很快地你就会谈笑风生，笑容可掬。"

的确，只要我们懂得改变情绪，就能改变思想和行为。思想改变，情绪会跟着改变。放下了包袱后，我们才能轻装上阵，才能活得轻松、自在、惬意。

我们要想拥有好心情，就得从原有的坏心情中开脱，从烦恼的死胡同中走出来。请注意，当你放下心情的包袱时，要好好检视清楚，看看哪些是事实，把它留下来，设法解决；哪些是垃圾，是给自己制造困扰的想法，要狠下心来，把它抛开，只有这样才能应付自如，带来好心情和清醒的头脑。因此，人人都应该学会放下，学会割舍。

给自己的心灵洗个澡

如果真的感到累了，就给自己的心灵洗个澡，用一点时间让心休息，在这个时候你可以不去做自己不想做的事，不去想不快乐的过去，那就会感觉到心轻松了许多。有时候，烦恼是自己给自己增加的负担，快乐也是自己寻找的，所以我们要学会放松心情，学会寻找快乐！

有一个商人，因为地区经济不怎么景气，自己所经营的生意每况愈下，为此他整天闷闷不乐、垂头丧气，每天晚上忧愁与失眠成了他最好的伙伴。见丈夫如此模样，妻子也开始为他担心起来。

一天，妻子看见他精神状态不好，便提议他去看看心理医生，他听从了妻子的建议。医生见他双眼布满血丝，便问他："怎么了，是不是为失眠所困？"商人说："嗯，是的。"

在确定了病因之后，这位心理医生继续说："这是一个小毛病，你回去后，如果再睡不着就数绵羊吧！这样你会很快进入梦乡。”商人接受了心理医生的建议，便道谢离去。

过了几天，他又一次地来找心理医生。他这一次的状况比上次更加严重了，双眼又红又肿，精神萎靡不振，心理医生给他复诊时吃惊地说：“难道我教给你的方法不管用吗？”商人委屈地回答说：“是呀！有时数到3万多头还睡不着！”心理医生又问：“难道你数了这么多，一丝睡意都没有吗？”商人回答道：“本来已经困了，可一想到那么多的绵羊能够产多少毛呀，不剪岂不可惜，就睡不着了。”心理医生说：“那你就将它剪完再睡不就可以了吗？”

可是，这位商人无限感伤地说：“这样一来令人头疼的问题又会继续出现，我又会想这么多的羊毛制成的毛衣，销往哪里呀！一想到这儿，我就又睡意全无了。”

身心疲惫是当代人最常有的体验，而能否及时调节和扭转这种疲惫状态直接关系到你能否精力充沛地去面对生活。生活的大潮不会驻足等待你的调整，所以你必须及时地改变自己的疲惫状态。

生活的每一天，都要想到给自己的心灵洗个澡。比如，每天清晨起来，你看到一轮朝阳冉冉升起时，就应当想到，所有的都已成为过去，崭新的生活又开始了。由此，把那原来还满满当当的心灵世界放空，这样的轻松自在，岂不是最惬意的！将事情想得太远，就成了无休止的压力。给心灵洗个澡，你便会时时感到快乐，无忧无虑。给心灵洗个澡，让自己也能得到适当的放松与享受，这样生活才能变得更加快乐和幸福。

下篇

修行：人生就是爱的修行

PART 01

行善：让爱温暖生命

乐于助人，助的就是自己

所谓助人等于助己；我为人人，人人为我；职场上最重要的一点就是广结善缘。 大家都知道这样的道理，可是在实际操作上却有很大的出入，为何呢？ 缘于心态。

一个人大学结业后，几次都与就业机会失之交臂，很是苦恼，觉得青春虚度，年华易老。他越是着急，越是感觉度日如年。

这一天，他打开了《海峡招聘报》，按照上面的一个地址去了一家用人公司应聘，没想到竞争竟然这么激烈。公司原定招聘8名员工，前去报名的却有一百多人。

耐心等待面试的时候，行政部发来通知，老总在外面和客户洽谈呢，希望大家能多等一个小时。不少人都暗中表示不满，不过，他觉得无所谓，要是真的可以得到这份工作，这几个小时还是值得等待的呀！

正在这时，有一位员工模样的人走过来对他们说：

“我有点急事想请大家帮忙，这边到了几车水泥，眼看天要下雨了，找搬运工也来不及了，要淋湿了，损失就大了，我也会跟着倒霉的。我想请你们义务帮忙卸一卸水泥，好吗?”

大家见他是这个公司的人，想着没准以后就是同事了，去帮帮忙也好，有一部分人就想动身去帮忙卸水泥。可是，有的人却不这么想，大声责问：“卸水泥是工人的工作，我们没必要去替他卖苦力，再说一会儿还要面试呢，弄脏了衣服怎么办呢?”如此一来，大家想想就觉得还是不去帮忙了吧。他却不这么想，这有什么啊，我身强体壮，又累不着，再说谁用不着谁啊，然后就跟着工人出去了，这时候一起出去帮忙的还有一少部分人。

人多力量大，不一会儿，这水泥就卸了一半多，工人一个劲儿地表示感谢。不过正在这时，行政部职员又来通知了：“诸位对不起，我们的老总刚才来电话了，他说今天来不了了，真是很抱歉。”

这一句话就激起了大家的不满情绪，正在卸水泥的大学生们沉不住气了，有的说：“这不是故意耍我们吗?不干了!”有的说：“咱又不是他们公司的员工，让我干义务劳动，没门!”还有人说：“你们是故意的吧，就是骗子!”说着，抱怨着离开了。他却想，反正就差一点了，不如做完算了，有句话说得好，送佛送到西嘛，善始善终。真别说，和他有同样想法的还有几个人，他们一直坚持到做完。

等他们在洗手间简单地清洗之后，几个人事行政的人员却站在门口，鼓掌对他们表示祝贺，而这时那个工人却西装革履地站在他们对面："恭喜你们，刚才是我预设的一场特殊考试，你们几个全部及格了，从此刻起，你们就是我们公司的正式职员了。"这几位通过了"特殊考试"的大学生这才恍然大悟：这位不起眼的"员工"竟是他们的老总。

机遇无处不在，但是机遇和挑战是并存的。生活中不要忽视帮助人的不起眼的一件小事。要相信，做好每一件事，做一个踏踏实实的人，做一个好人，总会得到上天的眷顾。

主动行善，广结善缘

帮我找些零钱，给那个可怜人。
你没听说现在很多乞丐都是职业骗子吗？

可万一他真的生活有困难呢？能帮一点是一点啊。
乐于助人是一种可贵的好品质，善良的人虽然有所付出和牺牲，却能收获爱与满足。我们要在生活中养成尽力为他人排忧解难，广结善缘的习惯。

真诚待人，抛掉虚假和伪装

在人生的舞台上最重要的信条之一便是真诚，我们呼唤真诚，大力宣传“做人要做老实人”的口号，并非没有缘由。然而在现实生活中，要做到真诚却不是那么容易，因为现实中人与人之间关系的复杂，每一个人都有“自我”的两面性，即一个是经过包装的“外在自我”，一个是没有经过包装的“内在自我”。两者都具有适应社会的双重属性，是矛盾的统一体，但不可回避的是：“外在自我”带有虚假性和伪装性，“内在自我”则是一种纯真，是人性中本性的表现。

《韩非子》中说：“巧诈不如拙诚。”巧诈可能一时得逞，但时间一久，就露馅了；相反，拙诚是指诚心地做事，诚心地交友，尽管可能在言行中表现出真诚，时间长了会赢得大多数人的爱戴。

也就是说，在为人处世中，要想赢得友谊，就必须付出你的真情，要用你的真情打动你周围的每一个人。

其实，对周围的人付出真诚，并不需要花你很多的时间或是让你付出太多的精力，有时你只需静静地做一名听众，倾听对方的诉说即可，这样也会给你带来好人缘。

有一位女士，定期去一家美容店做美容。店里的一名美容师向她倾诉婚姻的不幸，并问她，自己是否该离婚。这位女士并不熟悉她的家庭，也不能胡乱替她拿主意，所以每次美容师问她，她就反问一句："你看该怎么办?"美容师就认真考虑一下，然后说出自己的想法。

不久，这位女士收到了美容师的鲜花和感谢信。一年以后，又收到美容师的一封信，说她的婚姻已十分美满，非常感谢这位女士的好意。

事实上，这位女士什么主意也没替她出，只是真诚的态度以及足够的耐心和沉静感染了美容师，给她一个整理自己思绪的时间和机会，使她从非理智转变到理智中来，找到了解决问题的方法。这位女士就这样"轻而易举"地获得了对方的谢意和友谊。

在为人处世中，真诚的心态，好比一个水源，水源清，水流则清。即你对别人真诚，别人对你也就真诚，在这方面唐太宗为我们树立了典范。有一位臣子向唐太宗上奏："君王应远离佞臣。"唐太宗觉得奇怪，于是问："谁是佞臣？"臣子回答："臣并没有说是谁，但是有辨别的方法可以供陛下参考。陛下可以在群臣面前装出很生气的样子，来试一试群臣，要是能够始终遵守道理，不屈服于陛下的就是刚直之臣；如果害怕陛下盛怒，而违背自己的心愿，心不甘情不愿地遵从陛下，就可以说是佞臣。”但是唐太宗并不采纳他的意见，说：“水源清澈时，水流也会清澈。为君之人，做出欺骗的行为，又如何要求臣子正直呢？朕只是诚心诚意地想治理好天下而已。”唐太宗的意思十分明白，上任诚，下用情，这好比水一样，水源清，水流也清。在为人处世中，你对别人真诚，别人也就对你真诚。

爱特·威廉是一位大商人，他的成功竟然是别人馈赠的。这是怎么回事呢？爱特·威廉二十岁的时候，还是个整日守在河边打鱼的年轻人，天地十分狭小，根本看不出他的未来会有什么辉煌的成就。一天，一位过河人求助于威廉，原来过河人的一枚戒指不慎掉进了河里。过河人很着急，请威廉帮他到水里摸一摸。谁曾想到，威廉一个上午竟然别的什么也没干，反反复复一连扎到水下二十几次，当他一无所获的时候，他请全村的男人帮忙一起寻找。而且，威廉一点都没有提报酬的事，他只是想为过河人解决难题。不久，过河人出于感动，送给他一个在路边修补汽车轮胎的活儿。

有一天，一辆小车停在威廉的小店前，车上人要找一颗很不值钱但又很特别的螺丝钉，否则车无法行驶。威廉翻遍了自己的小店，没有找到，于是他骑上自行车，骑了三四公里远，在另一家修车店找到了。当威廉满头大汗返回，并将那颗螺丝钉安装在对方的车上时，他却一分钱也不肯收。威廉真是太让人感动了。不久，这辆小车的主人特地赶来，给了威廉一个五金店让他代理经营。

为什么威廉能够一次次获得别人的馈赠呢？就是因为他的真诚，是他做事认真诚恳的态度，是他不计回报的付出。

在人与人的相互沟通与交流中，如果能够更多地以本来的“内在自我”真诚地与人交往，将会起到长久的效果。现实社会中的每一个人的外在形象，往往都被自身的社会地位、家庭背景、工作职位、学识高低等包裹着。由于有这层外在的包装，也就使人与人之间的交流与沟通产生了距离，但是如果能撕开这层包装，人与人之间除了性格之外，在人格、尊严、生存需求等方面都是同等的、无差异的，如果能以这种无差异的“内在自我”与人真诚地沟通与交流，必将获得更多的尊重、信任与信赖。

在风起云涌的 IT 行业，有这么一个令人瞩目的人物：他曾经是微软的一名普通程序员，却因为一个“异想天开”的创意引起高层注意，成长为身家上千万的中国区总裁；2004 年，他又就任盛大总裁一职，创造了身价 4 个亿的神话……这位从江苏常州的贫寒子弟成长为“天价”经理人的人就是唐骏，当媒体问他：“你为什么成功？”他做出了最好的回答：“中国人最怕的是被感动，如果你感动了他，那么，他会为你赴汤蹈火，这是中国人的性格。”当他用真诚感动了同事、家人、上司、竞争对手、社会大众……他梦想中的成功，怎么会不随之而来？

真诚是人类最重要的美德，也是人与人沟通与交流的重要原则，它是基础，也是关键。因为我们不是生活在真空里，所以我们要用心做桥梁与周围的人相处。

做人真诚不仅是理念，而且也是经验，不只是挂在嘴上说说，还需要用心对待，真诚会让生活非常坦然，谎言会让人坐立不安。俗话说：“天下没有揭不穿的谎言。”不要让真诚成为一种迷惑对方的手段，不要自以为很聪明、很高明，把别人都当成傻子，说谎实际上是一种愚蠢至极的行为，是搬起石头砸自己的脚。现实生活中我们都需要与人真诚相处，朋友之间相处需要真诚，合作伙伴之间需要真诚，对于恋人、夫妻间更需要真诚相待。我想很少有人喜欢听谎言，愿意生活在谎言之中，要知道哪怕是善意的谎言，也会给对方以伤害，谎言犹如一把双刃剑，伤人害己，这些最简单最朴素的道理，是否非要等到自食恶果时才能明白呢？

真诚需要信任与信赖为基础，而信任与信赖的建立也非一朝一夕所能造就，它缘于彼此的一种默契，一种彼此的宽容。如果缺少了彼此的信任与信赖，谈何真诚的相处呢？俗话说：一个人如果没有感动对方，是因为诚意不够，是因为不能把心真诚地交给对方，是因为没能信任对方。

真诚是可贵的，虚伪是可怕的，没有了真诚，这个世界除了污秽就是虚伪。做人千万别失落真诚，因为越是珍惜的东西也越是脆弱也越是容易失去，所以真诚更显无比珍贵，一旦玷污就很难还其清白。

赠人玫瑰，手有余香

一个快乐的男孩吹着口哨，从一片草地走过。他看到道旁的木椅上坐着一个女孩。阳光很好，草木郁郁葱葱，而女孩的眼里却满是愁苦和忧郁。男孩随手采了一束狗尾草，微笑着送给女孩，而后快乐地吹着口哨，慢慢地走远。

一个再平常不过的清晨，洒水车司机发现了一位衣衫褴褛的小男孩一直尾随其后，一条街，又一条街。司机终于忍不住好奇，停车询问。原来小男孩是个孤儿，今天是他的生日，而洒水车放出的音乐，正是那首《祝你生日快乐》。司机得知原委，双眼潮热，邀请小男孩坐在驾驶室。那个清晨，整个城市便飘荡着温馨的生日歌。生命因有了爱，而更加富有，因付出了爱而更有价值，更为芬芳。

一个极其寒冷的冬天的夜晚，路边一间简陋的旅店迎来了一对上了年纪的客人。然而不幸的是，这间小旅店早就客满了。“这已是我们寻找的第十六家旅社了，这鬼天气，到处客满，我们怎么办呢？”这对老夫妻望着店外阴冷的夜晚发愁地说。

店里的小伙计不忍心这对老人出去受冻，便建议说：“如果你们不嫌弃的话，今晚就住在我的床铺上吧，我自己在店堂里打个地铺。”老夫妻非常感激，第二天要照店价付房费，小伙计坚决拒绝了。临走时，老夫妻开玩笑地说：“你经营旅店的才能可以当一家五星级酒店的总经理。”“那真是太好了！起码收入多些，这样我就可以养活我的老母亲。”小伙计随口应道，哈哈一笑。

没想到两年后的一天，小伙计收到一封寄自纽约的来信，信中夹有一张往返纽约的双程机票，邀请他去拜访当年那对睡他床铺的老夫妻。

小伙计来到繁华的大都市纽约，老夫妻把小伙计引到第五大街和三十四街交汇处，指着那儿的一幢摩天大楼说：“这是一座专门为你兴建的五星级宾馆，现在我们正式邀请你来当总经理。”

年轻的小伙计因为一次举手之劳的助人行为，美梦成真。

这就是著名的奥斯多利亚大饭店经理乔治·波非特和他的恩人威廉先生一家的真实故事。

我们当中许多人都听过：“付出是给自己的回报。”这当然是真的，而且比任何理由更值得付出。付出是一种精力，不但帮助了他人，还为自己创造了更多。

而灵魂最美的音乐是善良。如果你想要用爱或其他有价值的事物充实人生，也是同样的道理。付出和回报是一体的两面，如果你想要更多的爱、乐趣、尊重、成功或任何东西，方法很简单：付出。不要担心任何事情，你所付出的一切最终都会回报给你！

善良是不求回报的，当你做善事而心存回报的企图时，善良已然变味。然而，当你用一颗无私的心去付出时，你收获到的也将是累累的硕果。

帮助他人就是帮助自己，要时刻保持一颗同情心。我们不能对身处困境的人熟视无睹，那种丧失了同情心的人同时也会把自己推进冷漠的世界。

俗话说，“投之以桃，报之以李”，今天你帮助他人，给予他人方便，他可能不会马上报答你，但他会记住你的好，也许会在你不如意时给你以回报。退一万步来说，你帮助别人，他即使不会报答你，但可以肯定的是，他日后至少不会作出对你不利的事情。如果大家都不做不利于你的事情，这不也是一种极大的帮助吗？生活的目标是善良，这是我们的灵魂所固有的一种感情。

行善是一种美德。善行既可以帮助身处困境中的人，又可以使自己的心灵得到安慰，使自己的修养得到提升。

左手给予爱，右手收获爱

在英国有位孤独的老人，无儿无女，又体弱多病，他决定搬到养老院去。老人宣布出售他漂亮的住宅。

因为这是一所有名的住宅，所以购买者闻讯蜂拥而至。住宅的底价是8万英镑，但人们很快就将它炒到10万英镑，而且价钱还在不断攀升。老人深陷在沙发里，满目忧郁。是的，要不是健康状况不好的话，他是不会卖掉这栋陪他度过大半生的住宅的。

一个衣着朴素的青年来到老人面前，弯下腰低声说："先生，我也想买这栋住宅，可我只有1万英镑…""但是，它的底价就是8万英镑，"老人淡淡地说，"而且现在它已经升到10万英镑了。"青年并不沮丧，他诚恳地说："如果您把住宅卖给我。我保证会让您依旧生活在这里，和我一起喝茶、读报、散步，相信我，我会用整颗心来照顾您！"

老人站起来，挥手示意人们安静下来，说道："朋友们，这栋住宅的新主人已经产生了，就是这个小伙子。”

青年不可思议地赢得了经济上的胜利，梦想成真。

世界上最强大的不是坚船利炮，而是一颗仁慈的爱心。故事中的小伙子拥有一颗善良仁慈的心，因而得到老人的青睐而成为住宅的主人。

在人的一生中，都无法避免困难和问题：物质上需要帮助、支持；精神上需要理解、鼓励；兴趣上需要满足、发挥……如果我们能想他人之所想，急他人之所急，及时给他人以物质和精神的帮助和安慰，在他心里就会产生巨大的震撼力，而对自己，则减掉了许多原来扔也扔不掉的精神负担。

给予，即是爱；占有、获取并不是爱的本质。只有心甘情愿的付出、尽心竭力的奉献、不需偿还的给予，才是爱。“只要人人都献出一点爱，世界将变成美好的人间。”只要自己先献出一点爱，生活就会增添一分光彩，只要人人献出一点爱，那么整个社会将会因此而更加温馨与幸福！

给予的方式并不相同：有有条件的，有无条件的；有有限的，有无限的；有忘我的，有为我的；有精神的，有物质的；有等价的，有不等价的；有先给后取的，有先取后予的。精神的东西，理解与鼓励；物质的东西，互相馈赠。古希腊哲学家伯利克说过：“我们结交朋友的方法，是给他以好处。当我们真的给他人以恩惠时，我们不是因为得失而这样做，乃是由于我们慷慨而这样做，并不后悔的。”总而言之，一个并不准备承担付出的人，最终得到的是痛苦和孤独。朋友间的幸福快乐，更多地存在于慷慨地给予之中。因为“不行春风，难得秋雨”！

不但给予他人，也要善于给予。只要善于给予，那么能够给予的东西就太多了。为别人奉献自己，牺牲时间，也是一种给予；为别人的幸运和成功而庆幸，也是一种给予；能从别人的立场看事物，容许别人有自己的意见和特色，也是一种给予；谨慎——避免鲁莽的言行，耐心——倾听别人的倾诉，同情——分担别人的悲痛等，都是一种给予。生活中我们应该保持一颗仁爱之心，保持对真、善、美的追求。地位、财富固然重要，真正使人获得永久尊重和帮助的还是那颗善良的心。把你无私的爱献给周围的人——父母、同学、朋友以及那些陌生人，这样不管你有什么梦想，他们都会帮你实现。

付出爱心，你就种下了希望

聪明人都明白这样一个道理，帮助自己的唯一方法就是去帮助别人。

为别人付出你的爱心，就种下一片希望，就会有硕果累累的一天，就能品尝到丰收的喜悦。

多年以前，在荷兰一个小渔村里，一个勇敢的少年以自己的实际行动使全世界的人们懂得了无私奉献的报偿。

由于全村的人们都以打鱼为生，而海面上瞬息万变，危机四伏。因此为了应对突发海难，人们建立了自愿紧急救援队。

在一个漆黑的夜晚，海面上乌云翻滚，狂风怒吼，巨浪掀翻了一条渔船，船员的生命危在旦夕。他们发出了SOS求救信号。救援队的船长听到了警报，火速召集自愿紧急救援队的成员，乘着划艇，冲入了汹涌的海浪中。忧心忡忡的村民们都聚集在海边，翘首眺望着云谲波诡的海面，他们每人都举着一柄提灯，为救援队照亮返回的路。

一个小时之后，救援队的划艇终于冲破浓雾，乘风破浪，向岸边驶来。村民们喜出望外，欢呼着跑上前去迎接。当他们精疲力竭地跑到海滩后，却听到自愿救援队的队长宣布：由于救援船容量的限制，无法搭载所有遇险的人，无奈只得留下其中的一个人；否则救援船就会翻覆，那样所有的人都活不了了。

刚才还欢欣鼓舞的人们顿时安静下来，才落下的心又悬到了嗓子眼儿，人们又陷入了慌乱与不安之中。这时，救援队长开始组织另一队自愿救援者前去搭救那个最后留下来的人。16 岁的汉斯自告奋勇地报了名。他的母亲忙抓住他的胳膊，用颤抖的声音说："汉斯，你不要去。你知道，10 年前，你的父亲就是在海难中丧生的，而 3 个星期前你的哥哥保罗也出了海，可是到现在连一点消息也没有。孩子，你现在是我唯一的依靠了！求求你千万不要去！"

看着母亲那日见憔悴的面容和近乎乞求的眼神，汉斯心头一酸，泪水在眼中直打转，但是他强忍住没让它流下来。"妈妈，我必须去！"他坚定地答道，"妈妈，您想想，如果我们每个人都说'我不能去，让别人去吧！'那情况将会怎样呢？妈妈，您就让我去吧，这是我的责任。只要有人要求救援，我们就得竭尽全力地去履行我们的义务。"汉斯张开双臂，紧紧地拥吻了一下他的母亲，然后义无反顾地登上了救援队的划艇，冲入无边无际的黑暗之中。10分钟过去了，20分钟过去了……1小时过去了。这1个小时，对忧心忡忡的汉斯的母亲来说，真是太漫长了。终于，救援船再次冲破迷雾，出现在人们的视野中。只见汉斯正站在船头向岸上眺望。救援队长把手握成喇叭状，向汉斯高声喊道："汉斯，你找到留下来的那个人了吗？"

汉斯高兴地大声回答："我们找到他了，队长。请您告诉我妈妈，他就是我的哥哥——保罗！"

保持一份爱心，在别人身处困境的时候，伸出援助之手。这似乎说起来容易。仔细想想，我们是否能够做到甘愿与别人分享呢？小时候有好玩的玩具，我们只是自己玩；有了好吃的，自己偷偷藏起来；上学时别人借笔记，我们却拒绝；买了一件漂亮的衣服穿给朋友看，朋友也想买一件我们却谎称卖完了；老板给了我们一个"肥差"，我们却拒绝别人的帮忙，想要自己独立完成……

但是，生活的确是这样的，只有你付出爱心，你才能收获希望；只有在别人困难的时候，毫不犹豫地伸出救援的双手，在你困难时，你才能得到更多的帮助。

自私只会让心灵的后花园更加荒芜

在生活中，超越狭隘、帮助他人、撒播美丽、善意地看待这个世界……快乐、幸福和丰收会时时与我们相伴。对此，罗曼·罗兰说得很精彩："快乐和幸福不能靠外来的物质和虚荣，而要靠自己内心的高贵和正直。"

贝尔太太是美国一位有钱的贵妇人，她在亚特兰大城外修了一座花园。花园又大又美，吸引了许多游客，他们毫无顾忌地跑到贝尔太太的花园里游玩。

年轻人在绿草如茵的草坪上跳起了欢快的舞蹈；小孩子扎进花丛中捕捉蝴蝶；老人蹲在池塘边垂钓；有人甚至在花园当中支起了帐篷，打算在此过他们浪漫的盛夏之夜。贝尔太太站在窗前，看着这群快乐得忘乎所以的人们，看着他们在属于她的园子里尽情地唱歌、跳舞、欢笑。她越看越生气，就叫仆人在园门外挂了一块牌子，上面写着：私人花园，未经允许，请勿入内。可是这一点也不管用，那些人还是成群结队地走进花园游玩。贝尔太太只好让她的仆人前去阻拦，结果发生了争执，有人竟拆走了花园的篱笆墙。

后来贝尔太太想出了一个绝妙的主意，她让仆人把园门外的那块牌子取下来，换上了一块新牌子，上面写着：欢迎你们来此游玩，为了安全起见，本园的主人特别提醒大家，花园的草丛中有一种毒蛇。如果哪位不慎被蛇咬伤，请在半小时内采取紧急救治措施，否则性命难保。最后告诉大家，离此地最近的一家医院在威尔镇，驱车大约50分钟即到。

这真是一个绝妙的主意，那些游客看了这块牌子后，对这座美丽的花园望而却步了。可是几年后，有人再去贝尔太太的花园时，却发现那里因为园子太大，走动的人太少而真的杂草丛生，毒蛇横行，几乎荒芜了。孤独、寂寞的贝尔太太守着她的大花园，她非常怀念那些曾经来她的园子里玩的快乐的游客。

贝尔太太用一块牌子为自己筑了一道特别的“篱笆墙”，随时防范别人的靠近。这道看不见的篱笆墙就是自我封闭。

而自我的封闭在一定的程度上也是一种自私。自我封闭就是把自我局限在一个狭小的圈子里，隔绝与外界的交流与接触。自我封闭的人就像契诃夫笔下的装在套子中的人一样，把自己严严实实包裹起来，因此很容易陷入孤独与寂寞之中。自我封闭的后果是什么呢？在封闭自己的同时，也把快乐和幸福封闭在外面。

自私是人的本性，但是要知道，我们在社会中就是社会性动物，没有谁能够独立生活。人与人之间少不了交往，我们也总有需要别人帮忙的时候。所以，不要吝啬分享你的东西，有时只是一杯水，都可以让你结交一个朋友。

分享是架起人与人之间情谊的桥梁，用自己一颗宽厚的胸怀去温暖每一个人的心，同时滋润自己，让自己心灵的后花园不再荒芜。

PART 02

感恩：感谢生活即修行

感恩是一种生活态度

所谓感恩，是我们每个人所与生俱来的本性，它是深藏于我们内心的一种优秀品质，也是一种人们感激他人对自己所施的恩惠并设法报答的内在心理需求。

众所周知，感恩节最初始于美国。 1621 年的秋天，远涉重洋来到美洲的英国移民为了感谢上帝赐予的丰收和印第安人的帮助，举行了三天狂欢活动。 从此这一习俗就延续下来，并风行各地。

后来，在 1863 年，林肯总统把感恩节正式宣布为美国的法定假日。 因此，美国人每逢 11 月的第四个星期四都要隆重庆祝一番。 这一天，全家人围坐在餐桌旁，面对有火鸡、南瓜派的丰盛大餐，进行餐前祈祷和感恩。 这时，每个人都会怀着感激之情细说值得他们感恩的事。

可以这样说，在如今的美国人心目中，感恩节比圣诞节还要重要。 实际上，美国人的感恩心态在平时就表露得十分充分。 不管你在什么场合，“谢谢你”“非常感谢”总是不绝于耳。 因为他们深知，说声“谢谢”不仅使别人感到快乐，而且也使自己心情舒畅。在感恩的氛围中，人们对许多事情都可以平心静气；在感恩的氛围中，人们可以认真、务实地从最细小的一件事做起；在感恩的氛围中，人们自发地真正做到严于律己，宽以待人；在感恩的氛围中，人们正视错误，互相帮助；在感恩的氛围中，人们将不再感到孤独……

感恩既是一种美好的品质，更是一种人们对美好生活的追求。简单地说，感恩就是去感谢恩人，这是一种生活态度。怀着感恩的心，感恩面前一切美好的事物，那么生命便会创造出一份人间奇迹。现在许多新新人类都乐此不疲地与“世界接轨”，尽情地过着情人节、愚人节、母亲节、父亲节、圣诞节，却没有想到过感恩节。他们视幸福为天然，认为本来就应该是这个样子。他们大手大脚花父母亲的血汗钱，对父母的馈赠从不言谢，对朋友的帮助少有谢意，稍有不如意便大发牢骚，总觉得世界欠自己太多，社会太不公平，动辄诉诸暴力，或以死相威胁。这样一不小心就走入两个极端：或者目空一切，或者内向自卑。

人们的这些心理偏差，都十分迫切需要感恩思想伸入心灵深处来一次灵魂的洗礼。因为，感恩可以消解内心所有积怨，感恩可以涤荡世间一切尘埃。“感恩的心”是一盏对生活充满理想与希望的导航灯，它为我们指明了前进的道路；“感恩的心”是两支摆动的船桨，它将我们在汹涌的波浪中一次次争渡过来；“感恩的心”还是一把精神钥匙，它让我们在艰难过后开启生命真谛的大门！

试想一下，我们大家是否经常抱怨自己父母工作太忙而忽视了我们的存在，此时，你不妨用那颗感恩的心，来挖掘父母为我们所做的一点一滴。渐渐的，感恩的心就会取代抱怨。其实有的时候，快乐很简单，只要你拥有一颗感恩的心，你便会发现身边值得感恩的一点一滴，感恩的心看似无形，却很有必要，因为许多无法弥补的错误的造成往往是因为忽略了那颗感恩的心。抱怨对人生永远是个负数，如果我们关注的是正确的东西，生活便能得到实质性的改善。感恩是一种处世哲学，感恩是一种歌唱方式，感恩是一种生活的大智慧，感恩更是学会做人的支点。生命的整体是相互依存的，每一样事物都依赖其他事物而存在。无论是父母的养育，师长的教诲，还是朋友的关爱，大自然的慷慨赐予……我们无时无刻不沉浸在恩惠的海洋中。

只要我们能够拥有一种感恩的思想，它就可以提升我们的心智，净化我们的心灵。你感恩生活，生活将赐予你明媚阳光；你若只知一味地怨天尤人，其结果也只能是万事蹉跎！在水中放进一块小小的明矾，就能沉淀出所有的渣滓；如果在我们的心中培植一种感恩思想，那么就可以沉淀出许多浮躁、不安，消融许多的不满与失意。因为感恩是积极向上的思考和谦卑的态度，当一个人懂得感恩时，便会将感恩化作一种充满爱意的行动，实践于生活中。同时，感恩也不是简单地报恩，它更是一种责任、自立、自尊和追求一种阳光人生的精神境界！一个人会因感恩而感到快乐，一颗感恩的心，就是一颗和谐的种子。

让我们大家都怀有一颗感恩的心吧，这样就能发现生活的美好，世界的美丽，就能永远快乐地生活在真情的阳光里！

学会感恩他人

今天王老师在课上批评我了。
批评你才能帮你快速进步啊，你要感激王老师。
我们要学会感激身边的每一个人和每一段经历，与其怨天尤人，不如心怀感恩。心中常怀感恩之情的人往往拥有更加坚强的心灵，能一直用积极正面的心态面对各种困境和历练。

感激身边的每一个人

就因为花儿不可能在一年四季都常开不败，也因为月亮不可能从月初圆到月尾，所以我们才有了对春天的向往，才有了对八月十五的期盼，于是，花好月圆成了最普遍的幸福生活的代言。幸福能给人快乐的感觉，常使我们陶醉于甜蜜的眩晕中；痛苦却让我们读懂了生命的深刻，从而令人成长。

对于幸福的体验以及追求，我们每一个人都会有所不同。饥寒交迫的人认为能一生衣食无忧便是幸福；身有残疾的人觉得能拥有健全的体魄就是幸福；生活富足的人坚信精神的充实才是最大的幸福。我们总是无法从眼皮底下，从手心实实在在握着的东西中去寻找幸福，感受幸福。最大的幸福似乎永远在离我们最远的地方，也许只有经过这千山万水的阻隔才能给予我们波澜壮阔的遐思。

就是因为我们的生活中有了太多的缺憾，所以我们才会有更多美好的追求，我们才不会停止前进的步伐。也许我们少了别人所拥有的，但却得到了他人所无法收获的。抛却所有愤恨不平，抛却所有怨天尤人，让我们心怀感恩：感谢所有爱过我们的人，因为他们让我们沐浴了阳光；感谢所有伤害过我们的人，因为他们教会了我们成长；感谢生命中所有的快乐幸福，因为它们使我们心田洋溢着芬芳；感谢生活中所有挫折磨难，因为它们让我们心灵变得更为坚强。

其实，生活本身就是一种幸福，只要我们每个人的心中都萦绕着这么一首歌——《感恩的心》：“我来自偶然，像一颗尘土，有谁看出我的脆弱？ 我来自何方，我情归何处，谁在下一刻呼唤我？ 天地虽宽，这条路却难走，我看遍这人间坎坷辛苦。 我还有多少爱，我还有多少泪，要苍天知道我不认输。 感恩的心，感谢有你，伴我一生，让我有勇气做我自己。 感恩的心，感谢命运，花开花落，我依然会珍惜……”

我们每一个人，其实根本没有必要太过于奢求什么，别过分抱怨生活的不公、命运的不平、造化的弄人。 相反地，我们应该常怀一颗感恩的心。 我们要感恩于大自然，感恩于父母兄弟，感恩于师长爱人，感恩于朋友路人，甚至感恩于我们的对手，感恩于我们深恶痛绝的敌人。 一句话，我们要感恩于这个世界上一切有生命和没有生命的事物。

并非只要有了生命，我们就可以拥有快乐幸福的生活。为了让我们的眼睛看到五彩缤纷的世界，让我们有一个和谐美妙的生存环境，让我们的鼻子嗅到各种各样的气味，让我们的生活充满风雨阴晴，大自然慷慨地施舍给我们青翠的山，澄碧的水，艳丽的花，嫩绿的草，挺拔的树，明媚的阳光，“润物细无声”的雨露。

我们要感恩于自己的父母兄弟。 因为我们的生命是父母所给予的，是他们将我们养育成人；是父母给了我们世界上最伟大而崇高的亲情，是父母让我们真正懂得了什么是骨肉至亲。是兄弟姐妹给了我们世界上最真挚的情，是兄弟姐妹让我们懂得了什么是手足情深。“打虎要靠亲兄弟，上阵还需父子兵”，当你遇到生命的挫折，人生的艰难，生活的不幸时，第一时间赶到你的身边，和你分担痛苦的人是谁？那一定是我们的父亲、母亲，一定是我们的哥哥、弟弟，一定是我们的姐姐、妹妹！

我们要感恩于身边的朋友。所谓的“路遥知马力，日久见人心”，“岁寒知松柏，患难见真情”。一个真正的朋友，能够让你永远都有一种坚实的依靠，他们不仅愿意和你同尝甘甜，而且能够和你共担苦难，甚至以生命来践行对你的承诺；我们要感恩于陌生的路人，虽然，他们不是你的亲人，不是你的师长，不是你的爱人，但是，你会在不经意间，和他们在某一段生命的路途上相伴而行，你们可以聊聊天，可以解解闷，可以在遇到坎坷不平时互相搀扶着艰难前进，可以在需要跋山、需要涉水时，携手拼搏，并肩前行。他也许不会陪你走完人生的全部路程，但是，他陪你走过的这一段路程，不论是平淡无奇，还是扣人心弦，都会在你生命中留下或浅或深的印痕。

我们还应该感恩于老师，是因为他们为我们打开了知识宝库，给我们照亮了人生道路的灯塔，给了我们在人生大海上奋力拼搏的船桨；我们还要感恩于尊长，是尊长让我们知道了什么是人伦道德，什么是新陈代谢，什么是“老吾老，以及人之老”，什么是“幼吾幼，以及人之幼”；我们更应该感恩于自己的爱人，是爱人和我们牵手同行，是爱人伴我们共走人生风雨路，是爱人和我们共同承担起赡养老人的义务，是爱人和我们一道肩负起养育子女的责任，是爱人和我们相濡以沫，无怨无悔。

对于那些我们深恶痛绝的敌人或仇家，我们也应该要感恩。是他们砥砺了我们的意志，让我们明白还有人在对我们耿耿于怀，还有人在对我们虎视眈眈，所以，我们丝毫不能放松警惕，我们只有磨亮我们的戈矛，擦亮我们的猎枪，练就我们的火眼金睛，我们才能在与他们的斗争中取得最后的胜利；仇家，敌人，正是他们的存在，使我们一天比一天强大，使我们一日比一日聪明，使我们终于在生存的竞争中，在生命的搏击中，获得了更加有利的条件，得到了更多更好的机会。所以，我们要感恩于他们，虽然他们是我们的仇家，他们是我们的敌人。

让我们大家都在心中共唱一首《感恩的心》吧！

懂得感恩，让你的家庭更快乐

多数婚姻或家庭中出现的最大问题在于有人觉得被牺牲，或是不被感激。可悲的是，我们大多习惯与家人在一起，却忘了家人也需要彼此感恩。我们大都认为对方做这些事是理所当然的，父母子女之间是如此，夫妻之间更是如此。

在我们的生活中，我们的父母都很辛苦，他们牺牲了休息日照顾着自己的孙子，但是我却很少听见年轻的夫妇对他们父母的义行表达过一点谢意，他们的态度往往是："他们应该做这些事，因为他们是爷爷、奶奶呀！"我们很容易忘了每个人都需要被感恩，即使是祖父母也不例外。

懂得感恩的家庭更容易紧密地联系在一起，家庭的每一位成员都知道自己的价值，知道如何感激对方。丈夫和妻子彼此感激，彼此欣赏，子女感恩家庭给予温暖，感恩父母的养育，感恩父母给了我们一个温馨的家庭。

能够拥有一个家，一个能够休息的地方，一个能为我们遮风挡雨的地方，这是多么值得庆幸的事情。我们的生命在这里得到呵护，得到温暖，得到爱意，可是我们是否仔细留心过我们的家庭的变化，我们对自己的家庭是否心存感激？ 只要机会出现了，或是出现一种暗示需要你表达感恩时，我们就弯下腰来，努力表达。 要经常说：“谢谢！”而且发自内心。 如果我们有了这种感恩的心情，那么，我们就可以使自己的家庭变得更加美满。

首先，我们应该感谢父母给我们创造了一个家庭，给了我们生命，我们能够拥有现在的一切，都是家庭赐予的。

其次，我们应该感谢自己的妻子，是她们营建了一个新家，给我们的生活带来希望，带来我们的孩子，有孩子就有了家庭的感觉，我们在这个家庭中有了成熟的感觉，使我们有了一种自豪感，一种责任感。

再次，应该感激我们的孩子，孩子给我们的家庭带来了活力，带来了生命的未来，使我们的生命得到延续，我们的所有快乐与满足都是孩子与我们生活在一起产生的。

我们一生当中一般都会接触到许多不幸的事，在震惊之余，我们便会对日常生活满怀感恩。 一些我们当作稀松平常的事——欢笑、美貌、友谊、自然、爱人、家，此刻才会变得更重要、更特别。 我们甚至觉得每一天都是天赐的礼物，是值得珍爱的奇迹。 在过去侵占我们很多时间的“小事”，现在好像也不再重要。 我们的悲愤会慢慢淡化，全心全力投注到生命的奇迹上。 我们都知道这是人们在面对坏消息时的反应。 我们甚至在“等待”着这些坏消息来让我们对生命重新充满感恩。

其实为什么非要等到坏消息来临我们才肯这么做？ 为什么不学着从现在开始就珍惜生命中的点点滴滴？ 生命的本身就是一个奇迹，因为上天的赐予，我们才能活在此时此刻。

你可以经常提醒自己，生命是何等短暂与脆弱，世事是何等瞬息万变，此刻你可能有配偶或孩子，下一刻却很可能一无所有了，这样的想法对你有启蒙与开化的作用。前一天你享受着每天的散步活动，第二天却因为一场意外变得完全不能走路。前一天你还有一个家，第二天却毁于一场大火。诸如此类的想象都对你有提醒的作用。对于多变的人生，其实我们可以有两种截然不同的想法：一种是面对生命无常的变化有一种挫折感与恐惧感；另一种积极的想法是将这些变化视作理所当然，同时认为是激励自己对生命感恩的要素。

因为我们太熟悉我们的家，我们也花了许多时间在家中，因此我们认为家人、房子、环境、隐私、安全感、舒适感等都是与家俱来的。尤其是这已经变成一种理所当然的想法。如果我们总是想着家庭的幸福得来不易时，别人可能会认为我们过于神经质或太多虑了。其实我们真正该做的是每天花一小段时间，也许只是几分钟，衷心感谢家庭在我们生命中所代表的意义。与其等待坏消息来让我们重新认知家庭或生命的重要性，不如从现在开始就将家庭当作生命中重要的一环，你也会在家中感受到前所未有的欢愉。

懂得感恩的家庭无论是精神还是肉体都会紧密地联系在一起。对家庭心存感恩，就能够使家庭保持快乐、美满，而且这种感恩要每天表现出来，让你的家人都能够感觉到，你也会在家中感受到前所未有的欢愉。

爱能真正改变生命

爱就像明媚的阳光一样可以照彻寒冷的心房，爱就像炎炎夏日午后的一场骤雨，可以使万物顿时获得滋润，充满生气。

现今激烈的社会竞争，使得有些人的心仿佛是久旱不雨的荒凉沙漠，一件小事都可以让满天飞尘。这时，能够恢复他们内心原有滋润且能带来生气的骤雨，就是他人的关怀和相互谦让的心。微不足道的事也好，不受瞩目的事也罢，若是人人都能发自内心地做对他人及社会有益的事，不但自己快乐，别人也会快乐。爱的本身就是一串震颤的弦音，一种花香的弥散——持久、热烈而又延己及人，从一双手到另一双手，从一个人到另一个人。当人的灵魂被爱浇灌之后，它所散发出来的，只会是人性的芬芳。

爱可以被分享，当爱被分享的时候，爱会变得更伟大。一个人只有学会了分享，才能感受到一种发自内心的喜悦。我们尽管可以大量给予他人同情、鼓励、扶助，而这些东西，在我们自身是不会因“给予”而有所减少的。相反，我们给人越多，自己所拥有的也就越多。

在很久以前，生命中所有的态度，都居住在一个美丽的岛上，他们一同生活，共同建造自己的天堂。这些具备个性的态度，包括希望、憎恨、怜悯、妒忌、愤怒、自负、爱等。

一天，这些态度们突然发现自己身处的小岛正在沉入大海。“各位，小岛正不断下沉，”野心向其他态度宣布，“我和创造商量过了，我们要修船去找新的居所。在那里我会将土地卖给你，然后在组织的带领下重建家园。我们必须离开此地。”最先离开的是冲动和轻率，跟着是悲观，然后是消极。侵略和固执则为应如何做而大吵大闹。挫折和冷漠不久亦走了，他们觉得命该如此，对其他同伴争论应走应留感到厌倦。被动不想卷入如何挽救这个岛的争论，也跟着走了。

就这样，所有的态度们都一个跟一个地随着船离开了岛，最后只有爱留了下来。爱对小岛的爱很坚定，他决定留守至最后一刻。当其他同伴纷纷离开时，爱则在岛上回忆着在这里的快乐日子。小岛快要消失了，没有一个态度尝试挽救它，爱也只有依依不舍地离开。他没有准备船只，只有向其他经过的船呼救。

一天，财富的船只从爱身边经过。财富的船精雕细琢，是所有船中最大最快亦能航行得最远的。爱向财富喊道：“财富，你能帮我离开这里吗？”财富说：“爱呀，我不能载你，因为我的船载了很多金银珠宝，载不动你。”跟着来的是自负。“自负，请你救我！”爱企盼着。“我也很想救你，”自负说：“但你全身湿透，会弄脏我的船的。”跟着他亦消失在大海中。然后爱看到希望，“希望，请救救我！”希望说：“我希望你明白，我现在只希望这只船可以撑到对岸，对不起。”

小岛开始一点一点地往下沉了。爱爬到岛上最高的山尖，等待其他船的经过，但是，山尖现在只剩下一个小丘了。爱看到悲伤驶近自己，便对他恳求：“悲伤呀，让我上你这条船吧！”悲伤对他说：“噢，我太悲伤了，想自己一个人静静地过。”跟着来的是高兴，但他因为能够离开此地而太高兴了，根本听不到爱的呼救。恐惧驶近了，但他担心若被其他态度见到自己接载了爱，会被他们指指点点，最后亦没有伸出援手。爱向妥协求救，但妥协告诉爱要接受现状，与小岛一同沉入海底。爱向愤怒求救，但愤怒认为爱落到这样的田地是咎由自取，对其愚笨感到愤怒。

船只一艘一艘地驶近然后又驶远了，可是爱却始终没能够离开，他的心也跟着岛屿一点点地往下沉。水已经浸到爱的胸膛了。突然有一个声音说：“爱上来吧，我载你走。”爱大喜过望，立即跳上这艘肯救他的船。这艘船看起来十分老旧，饱经风雨的洗礼，但船身仍然坚固结实。

由于太高兴了，爱竟然忘了问救他的老者是谁。后来，爱向博学问道：“是谁救了我？”博学说：“是时间救你的。”“时间?”爱问：“时间为何救我?”博学说：“爱，你是所有态度中最伟大的，其他态度都不及你。你能忍受一切，你能承担一切，只要给你时间，你能治愈一切创伤。你知道的，只有时间能了解什么是伟大的爱。”

没有爱的财富，令人变得贪婪；没有爱的自负，令人与人之间的关系变得肤浅；没有爱的悲伤，令人变得以自我为中心；没有爱的快乐，令人失去怜悯；没有爱的恐惧，令人失去勇气和埋没良心；没有爱的妥协，令人对未来失去期望和信心；没有爱的愤怒，令人失去宽恕之心，而没有宽恕之心，无人能获得心灵的治愈。 你对身边之人的爱愈能经受时间的考验，他们便会愈喜欢你。

或许直到物换星移，我们才能够明白真正的爱为何物。人与人相处时，总不免会有其他态度，如愤怒、妥协、自负、悲伤等，但记着要以爱对待所有的人。 只要时间容许，爱能真正改变生命。

PART 03

放下：修行的最高境界

该放手时且放手

人生中很多事情的失误甚至是失败，不是在于你在该追求的时候没有去追求，而往往是在于你在该放手的时候没有放手。 该追求的时候，意味着要抓住时机去得到什么，在这样的情况下，人往往会及时与果断，但是在该放手的时候，往往是意味着你的一些拥有的东西将不得不失去，意味着在一定程度上的放弃，所以这样的时候，人往往就容易瞻前顾后，容易反复思量，最终可能在思想的斗争中就失去了关键的时机，也就使你一心想把握住的东西随之失去。

这是一个早上，妈妈正在厨房清洗早餐的碗碟。四岁的孩子在沙发上玩耍。突然，妈妈听到孩子的哭啼声。妈妈没来得及将手擦干，就冲到客厅看看孩子去了哪里。

原来，孩子仍坐在沙发上；但是，他的手却插进了放在茶几上的花瓶里。花瓶是上窄下宽的一款，所以，孩子的手伸了进去，却抽不出来。母亲用了不同的办法，想把卡着了的手拿出来，但都不得要领。

妈妈开始焦急，她稍为用力一点，小孩子就痛得叫苦连天。在无计可施的情况下，妈妈想了一个下策，就是把花瓶打碎。可是她稍有犹豫，因为这个花瓶不是普通的花瓶，而是一件价值连城的古董。不过，为了儿子的手能够拔出，这是唯一的办法。结果，她忍痛将花瓶打破了。

虽然损失不菲，但儿子平平安安，妈妈也就不太计较了。她叫儿子将手伸给她看看有没有损伤。虽然孩子没有任何的皮外伤，但他的拳头仍是紧握住似的无法张开。是不是抽筋呢？妈妈再次惊惶失措。

原来，小孩子的手不是抽筋。他的拳头张不开，是因为他紧握着一个硬币。他是为了拾这个硬币，所以手才卡在花瓶的口内。小孩子的手抽不出来，其实，不是因为花瓶口太窄，而是因为他不肯放手。

放手，带来更大的释放。为了区区一枚硬币，打碎了一个古董花瓶，小孩子当时不会理解，也不会后悔。他不了解他执着那个硬币的成本是那么大。他长大了之后，才会了解花瓶的价值，才会明白自己昔日的愚昧。

该放手的时候，不是叫你放手一搏而力求挽回，该放手的时候是在两难之中合理的做出取舍。鱼和熊掌都是美餐，能两者兼得当然最好，但是事情往往没有那么美好，在二选一的情况下，你只能追求适合你自己口味的东西，不要听人家说鱼的味道鲜美就追求鱼，也不要因为别人讲熊掌是山珍就追求熊掌。到底什么是自己的所需才是最重要的。

所以，当面临选择时，我们必须学会放弃。放弃，并不意味着失败。

像下围棋一样，小的利益虽然放弃，得到的却是更大的胜利。但如果想兼得“鱼和熊掌”，恐怕连鱼也得不到了。

在滑铁卢大战中，大雨造成的泥泞道路使炮兵移动不便。拿破仑不甘心放弃最拿手的炮兵，而如果推迟时间，对方增援部队有可能先于自己的援军赶到，那样后果不堪设想。然而，在踌躇之间，几个小时过去了，对方援军赶到。结果，战场形势迅速扭转，拿破仑遭到了惨痛的失败。拿破仑的失败足以证明：在人生紧要处，在决定前途和命运的关键时刻，我们不能犹豫不决，徘徊彷徨，而必须明于决断，敢于放弃。卓越的军事家总是在最重要的主战场上集中优势兵力，全力以赴去争取胜利，而甘愿在不重要的战场上做些让步和牺牲，坦然接受次要战场上的损失和耻辱。

同样，在人生的战场，我们必须善于放弃，而倾注自己的时间和精力于主战场上，而不必计较次要战场的得失与荣辱。在我们的学习生活中，学会放弃同样重要。当你路过篮球场或足球场时，看到别人正尽兴比赛，听到那欢快的笑声时，能不动心吗？但这时，我们必须放弃一项：去燥热的教室里学习，或是在凉爽的绿茵球场上活动，斟酌损益。我们应当学会放弃，并且敢于放弃，不要为一点利益斤斤计较。

就算“鱼”与“熊掌”同等重要，在必须只取一件时，必然要放弃一件。不要怕选择错误，因为错误常常是正确的先导，它会教我们逐渐学会放弃。

学会选择，懂得放弃

鱼和熊掌不可兼得，懂得放手的人往往会拥有更多。想要有所得，就要先懂得放弃，不懂得放手的人最后往往是竹篮打水一场空，什么都得不到。
你把手里的糖果松开，手就能从罐子里拔出来了。

学会接受“失去”

从前有一位神射手，名叫后羿。他练就了一身百步穿杨的好本领。夏王听说了这位神射手的本领，也目睹过后羿的表演，十分欣赏他的功夫。

有一天，夏王想把后羿召入宫中来，单独给他一个人演习一番，好尽情领略他那炉火纯青的射技。于是，夏王命人把后羿找来，带他到御花园里找了个开阔地带，叫人拿来了一块一尺见方、靶心直径大约一寸的兽皮箭靶，用手指着说：“今天请爱卿来，是想请你展示一下你精湛的本领，这个箭靶就是你的目标。为了使这次表演不至于因为没有竞争而沉闷乏味，我来给你定个赏罚规则：如果射中了的话，我就赏赐给你黄金万两；如果射不中，那就要削减你一千户的封地。现在开始吧。”

后羿听了夏王的话，一言不发，面色变得凝重起来。他慢慢走到离箭靶一百步的地方，脚步显得相当沉重。然后，后羿取出一支箭搭上弓弦，摆好姿势拉开弓开始瞄准。想到自己这一箭出去可能发生的结果，一向镇定的后羿呼吸变得急促起来，拉弓的手也微微发抖，瞄了几次都没有把箭射出去。最后，后羿终于下定决心松开了弦，箭应声而出，“啪”地一下钉在离靶心足有几寸远的地方。

后羿收拾弓箭，向夏王告辞，悻悻地离开了王宫。夏王在失望的同时掩饰不住心头的疑惑。有人跟夏王解释道：“后羿平日射箭，不过是一般练习，在一颗平常心之下，水平自然可以正常发挥。可是今天他射出的成绩直接关系到他的切身利益，叫他怎能静下心来充分施展技术呢？”

可见，患得患失，过分计较自己的利益将会成为我们获得成功的阻碍。所以，做人要学会接受失去！要知道，人的一生，有得有失，有盈有亏。整个人生就是一个得而复失的过程。

一位旅客去三峡旅游，站在船尾观赏两岸景色时，不小心将手提包掉落在江中，包中有不少钞票，当即不假思索地跃身投水捞包，虽然包抓到手中，可人再也没有出来。这位旅客如果学会习惯失去，就不至于连生命也赔进去。

人赤条条地来到这个世界，又手握空拳地离去。人的一生不可能永久地拥有什么，一个人获得生命后，先是童年，接着是青年、壮年、老年。然而这一切又都在不断地失去，在你得到什么的同时，你其实也在失去。所以说人生获得的本身就是一种失去。

有人说得好，你得到了名人的声誉或高贵的权力，同时就失去了做普通人的自由；你得到了巨额财产，同时就失去了淡泊清贫的欢愉；你得到了事业成功的满足，同时就失去了眼前奋斗的目标。我们每个人如果认真地思考一下自己的得与失，就会发现，在得到的过程中也确实不同程度地经历了失去，整个人生就是一个不断地得而复失的过程。一个不懂得什么时候该失去什么的人，就是愚蠢可悲的人。

俄国伟大诗人普希金在一首诗中写道：“一切都是暂时，一切都会消逝；让失去的变为可爱。”

居里夫人的一次“幸运失去”就是最好的说明。1883年，天真烂漫的玛丽亚（居里夫人）中学毕业后，因家境贫寒无钱去巴黎上大学，只好到一个乡绅家里去当家庭教师。她与乡绅的大儿子卡西密尔相爱，在他俩计划结婚时，却遭到卡西密尔父母的反对。这两位老人深知玛丽亚生性聪明，品德端正。但是，贫穷的女教师怎么能与自己家庭的钱财和身份相配？父亲大发雷霆，母亲几乎晕了过去，卡西密尔屈从了父母的意志。

失恋的痛苦折磨着玛丽亚，她曾有过“向尘世告别”的念头。玛丽亚毕竟不是平凡的女人，她除了个人的爱恋，还爱科学和自己的亲人。于是，她放下情缘，刻苦自学，并帮助当地贫苦农民的孩子学习。几年后，她又与卡西密尔进行了最后一次谈话，卡西密尔还是那样优柔寡断，她终于砍断了这根爱恋的绳索，去巴黎求学。这一次“幸运的失恋”就是一次失去，如果没有这次失去，她的人生将会是另一种写法，世界上可能就会少了一位伟大的科学家。

学会习惯于失去，往往能从失去中获得。得其精髓者，人生则少有挫折，多有收获。人会从幼稚走向成熟，从贪婪走向博大。

对善于享受心情愉悦的人来说，人生的艺术只在于进退适时，取舍得当。因为生活本身即是一种悖论：一方面，它让我们依恋生活的馈赠；另一方面，又注定了我们对这些礼物最终的弃绝。正如先师们所说：人生在世，紧握着拳而来，平摊两手而去。

人生竟是如此的神奇，这神灵的土地，分分寸寸都润于美之中，我们当然要紧紧地抓住它。然而这一点，只有在我们回顾往昔的时候才会觉察，当我们发觉时，那样美好的时光已是一去不复返了。凋谢了的美，逝去了的爱，铭记在我们的心中。生活的馈赠是珍贵的，只是我们对此留心甚少。人生真谛的要旨之一是：告诫我们不要只是忙忙碌碌，以致错失掉生活的可叹、可敬之处。虔诚地恭候每一个黎明吧！拥抱每一个小时，抓住宝贵的每一分钟！

执着地对待生活，紧紧地把握生活，但又不能抓得过死，松不开手。人生这枚硬币，其反面正是那悖论的另一要旨：我们必须接受“失去”，学会怎样松开手。

这种教诲确是不易领受的，尤其当我们正年轻的时候，满以为这个世界将会听从我们的使唤，满以为我们用全身心投入的事业都一定会成功。而生活的现实仍是按部就班地走到我们的面前，于是，这第二条真理虽是缓慢的，但也是确凿无疑地显现出来。

我们在经受“失去”中逐渐成长，经过人生的每一个阶段，我们只是在失去娘胎的保护才来到这个世界上，开始独立的生活；而后又要进入一系列的学校学习，离开父母和充满童年回忆的家庭；结了婚，有了孩子，等孩子长大了，又只能看着他们远走高飞。我们要面临双亲的谢世和配偶的亡故；面对自己精力逐渐地衰退；最后，我们必须面对不可避免的自身死亡，我们过去的一切生活，生活中的一切都将化为乌有！

但是，我们为何要臣服于生活的这种自相矛盾的要求呢？明明知道不能将美永久保持，可我们为何还要去造就美好的事物？我们知道自己所爱的人早已不可企及，可为何还要使自己的心充满爱恋？

要解开这些谜题，必须寻求一种更为宽广的视野，透过通往永恒的窗口来审度我们的人生。一旦如此，我们即可醒悟：尽管生命有限，而我们在世界上的“作为”却为之织就了永恒的图景。

人生绝不仅仅是一种作为生物的存活，它是一些莫测的变幻，也是一股不息的奔流。我们的父母通过我们而生存下来，我们也通过自己的孩子而生存下去。我们建造的东西将会留存久远，我们自身也将通过它们得以久远的生存。我们所造就的美，并不会随我们的湮没而泯灭。我们的双手会枯萎，我们的肉体会消亡，然而我们所创造的真、善、美则将与时俱在，永存而不朽。

不要枉费了你的生命，要少追求物质，多追求理想。因为只有理想才赋予人生以意义，只有理想才使生活具有永恒的价值。

拿得起，放得下

人们常说一个人要拿得起，放得下，而在付诸行动时，拿得起容易，放得下难，所谓放得下，是指心理状态，也就是我们常说的要敢于放弃，就是遇到千斤重担压心头，也能把心理上的重压卸掉，使之轻松自如。

放弃不是颓废，不是厌世，而是一门学问。 人生在世，忙忙碌碌，疲于奔波，我们常常被强烈的愿望所驱赶，不敢停步，不敢懈怠，也不敢轻言放弃。 背上包裹越来越多，越来越沉，而我们什么都不愿放弃，因而，当收获越来越多的时候，身心也越来越累。

在现实生活中，放不下的事情实在太多了。 比如做了错事，说了错话，受到上级和同事指责，以及好心人误解受到委屈，于是心里总有个结解不开，放不下等等。 总之，有些人就是这也放不下，那也放不下，想这想那，愁这愁那，心事不断，愁肠百结。 这些心理负担有损于健康和寿命。 有的人之所以感觉活得很累，无精打采，未老先衰，就是因为习惯于将一些事情吊在心里放不下来，结果把自己折腾得疲劳而又苍老。

其实简单地说，让人放不下的通常在于财、情、名这几个方面。想透了，想开了，也会看淡了，自然也就会放得下了。

一位老师带着他的学生打开了一个神秘的仓库。这仓库里装满了放射着奇光异彩的宝贝，也不知存放者是谁。仔细看，每个宝贝上都刻着清晰可辨的字纹，分别是：骄傲，正直，快乐，爱情……这些宝贝都是那么漂亮，那么迷人，学生见一件爱一件，抓起来就往口袋里装。

可是，在回家的路上，他才发现，装满宝贝的口袋是那么的沉。没走多远，他便感觉到了气喘吁吁，两腿发软，脚步再也无法挪动。

老师说："孩子，我看还是丢掉一些宝贝吧，后面的路还长着呢！"

学生恋恋不舍地在口袋里翻来翻去，不得不咬咬牙丢掉两件宝贝。但是，宝贝还是太多，口袋还是太沉，年轻人不得不一次又一次地停下来，一次又一次咬着牙丢掉一两件宝贝。"痛苦"丢掉了，"骄傲"丢掉了，"烦恼"丢掉了……口袋的重量虽然减轻了不少，但年轻人还是感到它很沉很沉，双腿依然像灌了铅一样的重。

"孩子，"老师又一次劝道，"你再翻一翻口袋，看还可以丢掉些什么。"于是，学生终于把沉重的"名"和

“利”丢掉了，只留下“谦虚”“正直”“快乐”和“爱情”。一下子，他感到说不出的轻松。但是，他们走到离家只有一百米的地方，年轻人感到了前所未有的疲惫，他真的再也走不动了。

“孩子，你看还有什么可以丢掉的，现在离家只有一百米了。回到家，等恢复体力还可以回来取。”

学生想了想，拿出“爱情”看了又看，恋恋不舍地放在了路边。他终于走回了家。

可是他并没有想象中的那样高兴，他在想着那个让他恋恋不舍的“爱情”。老师过来对他说：“爱情虽然可以给你带来幸福和快乐。但是，它有时也会成为你的负担。等你恢复了体力还可以把它取回，对吗？”

第二天，他恢复了体力，按着来时路拿回了“爱情”。他真是高兴极了，他欢呼，他雀跃。他感到了无比的幸福和快乐。这时，老师走过来触摸着他的头，舒了一口气：“啊，我的孩子，你终于学会了放弃！”

生活有时会逼迫你，不得不交出权力，不得不放走机遇。放弃，并不意味着失去，因为只有放弃才会有另一种获得。要想采一束清新的山花，就得放弃城市的舒适；要想做一名登山健儿，就得放弃娇嫩白净的肤色；要想穿越沙漠，就得放弃咖啡和可乐；要想有永远的掌声，就得放弃眼前的虚荣；船舶放弃安全的港湾，才能在深海中收获满船鱼虾。

今天的放弃，是为了明天的得到。 干大事业者不会计较一时的得失，他们都知道放弃，如何放弃，放弃些什么。

一个人倘若将一生的所得都背负在身，那么纵使他有一副钢筋铁骨，也会被压倒在地。

昨天的辉煌不能代表今天，更不能代表明天，过去的成就只能让它过去，只能毫不痛惜地放弃。

什么时候学会放弃，什么时候便开始了成熟。我们都要学会放弃，放弃失恋带来的痛楚；放弃屈辱留下的仇恨；放弃心中所有难言的负荷；放弃费精力的争吵：放弃没完没了的解释；放弃对权力的角逐；放弃对金钱的贪欲；放弃对虚名的争夺……凡是次要的、枝节的、多余的该放弃的都应放弃。

学会放弃还要对已失去的事物有一种“既然已失去，就让它失去吧”的心态。

有一个收藏家，他酷爱陶壶，收集了无数个茶壶，只要听说哪里有好壶，不管路途多远一定亲自前往鉴赏，如果看中意了，而对方愿意割爱，花再多钱他也舍得。在他所收集的茶壶中，他最中意的是一只龙头壶。

一日，一个久未见面的好友前来拜访．于是他拿出这只茶壶泡茶招待这位朋友。二人开心地畅谈着，朋友对这只茶壶所泡出的茶赞不绝口，因此好奇地将它拿起来把玩，结果一不小心将它掉落到地上，茶壶应声破裂，全场陷入一片寂静，每个人都为这巧夺天工的茶壶惋惜不已。

这时这位收藏家站了起来，默默收拾这些碎片，将他交给一旁的下人，然后拿出另一只茶壶继续泡茶说笑，好像什么事也没发生过一样。事后，有人就问他：“这是你最钟爱的一只壶，被打破了，难道你不难过，不觉得惋惜吗?”收藏家说：“事实已经造成，留恋又有何益?不如重新去寻找，也许能找到更好的呢!”

我们每个人都有很多“宝贝”，但你不可能什么都得到，在某些时候一定要学会拿得起，放得下。拿得起是勇气，放得下是肚量；拿得起是可贵，放得下是超脱。人生最大的敬佩是拿得起，生命最大的安慰是放得下。

人生应该有进有退

马嘉鱼很漂亮，银肤燕尾大眼睛，平时生活于深海中，春夏之前溯流产卵，随着海潮浮到浅水面。渔人捕捉马嘉鱼的方法很简单：用一张十寸见方、孔目粗疏的竹帘，下端系上铁坠，放入水中，由两只小艇拖着，拦截鱼群。马嘉鱼的“个性”很强，不爱转弯，即使触入罗网中也不会停止。所以一只只前赴后继钻入帘孔中，帘孔随之紧缩。孔愈紧，马嘉鱼愈被激怒，瞪起明眸，张开脊鳍，更加拼命往前冲，终于被牢牢卡死，为渔人所获。

马嘉鱼的悲哀就在于它不懂生存的进退之道。做人也是如此，面对现实要灵活，千万不要一根筋，认准一条道走到底，有时，退一步也许是你最明智的选择。

有这样一个例子：

文种是勾践的重臣，为打败吴国立下了汗马功劳。他功成名就以后，仍然继续仕于越王。其间范蠡写给他一封信说：“飞鸟尽，良弓藏；狡兔死，走狗烹。越王的长相，颈项细长如鹤，嘴唇尖突像乌鸦，这种人只可以与他共患难，却不能同享乐，你现在不离去，更待何时?”

后来文种也称病返乡，但做得不如范蠡退隐彻底，他留在越国，其名仍威慑朝野，于是佞臣陷害于他，诬称文种欲起兵作乱。越王也有“走狗烹”之意，故而以谋反罪将文种杀死。

只知进，不知退，久居高位，遭“文种之祸”者，又何止一人？ 此等人最大的弱点是心中始终有个小聪明，误以为还能“收获名利”。 可见，能进也能退，是多么重要。

说客出身的范雎任秦国宰相，以“远交近攻”的策略，使秦国军事力量日益强大，为秦的发展，做出了很大贡献。

可是到了晚年，他却出现重大失误！他推荐的将军带领两万将士投降了敌人。投降乃是“株连九族”之罪，推荐者也难辞其咎。范雎虽深得秦王信赖而免于一死，但他心中一直忐忑不安。这时他的一位属吏蔡泽劝慰道：“逸书里有‘成功之下必不久处’之说，您何不趁此时辞去宰相之职呢？这样您不仅可保伯夷般清廉的名声，又可享赤松子（传说中的仙人）般长寿！若还眷恋宰相之位，日后必招致祸害！请您三思。”

范雎听完大悟。于是请奏辞职并荐蔡泽为相。

其实，无论在哪个领域，多种势力在接触与较量的时候，进取固然重要，但在很多情况下，屈与不争更为必要。也就是说，有时候要忍辱负重，有时候要走为上计，这样才能保全自己，甚至保全与自己相关的许多人与物。

进取与退避是相互交替和相互转化的，只退不进自然不会成功。但只进不退也绝非智者所为。进取和退避是矛盾的统一。下面，我们来看看曾国藩的进退手段。

众所周知，湘军是曾国藩一手缔造的，它与当时清政府的军队完全不同。清政府的八旗兵和绿营兵皆由政府编练。遇到战事，清廷便调遣将领，统兵出征，事毕，军权缴回。湘军则不然，其士兵皆由各哨官亲自选募，哨官则由营官亲自选募，而营官都是曾国藩的亲朋好友、同学、同乡、门生等。由此可见，这支湘军实际上是“兵为将有”，从士兵到营官所有的人都绝对服从于曾国藩一人。这样一支具有浓烈的封建个人隶属关系的军队，包括清政府在内的任何别的团体或个人要调遣它，是相当困难，甚至是不可能的！

湘军成立后，首先把攻击的矛头指向太平军。在曾国藩的指挥下，湘军依仗洋枪洋炮攻占了太平天国的部分地区。为了尽快将太平天国的起义镇压下去，在清朝正规军无能为力的情况下，清廷于1861年11月任命曾国藩统帅江苏、安徽、江西、浙江四省的军务，这四个省的巡抚（相当于省长）、提督（相当于省军区司令）以下的文武官员，皆归曾国藩节制。清朝以来，汉族人获得的官僚权力，最多是辖制两三个省，因此曾国藩是清朝以来汉族官僚获得的最大权力。

对此，曾国藩并没有洋洋自得，也不敢过于高兴。他头脑非常清醒，时时怀着戒惧之心，居安思危，审时韬晦。

后来，太平天国起义被镇压下去之后，曾国藩因为作战有功，被封为毅勇侯。这对曾国藩来说，真可谓功成名就。但是，曾国藩此时并未感到春风得意，飘飘然。相反，他却感到十分惶恐，更加谨慎。他在这个时候想得更多的不是如何欣赏自己的成绩和名利，而是担心功高招忌，恐遭“狡兔死、走狗烹”的厄运。他想起了在中国历史上曾有许多身居权要的重臣，因为不懂得功成身退而身败名裂。

他写信给其弟曾国荃，嘱劝其将来遇有机缘，尽快抽身引退，方可“善始善终”。曾国藩叫他弟弟认真回忆一下湘军攻陷天京后是如何渡过一次次政治危机的。湘军进了天京城后，大肆洗劫，城内金银财宝曾国荃抢的最多。左宗棠等人据此曾上奏弹劾曾国藩兄弟吞没财宝罪，清廷本想追查，但曾国藩很知趣，进城后，怕功高震主，树大招风，急办了三件事：一是盖贡院，当年就举行分试，提拔江南人士；二是建造南京旗兵营房，请北京的闲散旗兵南来驻防，并发给全饷；三是裁撤湘军4万人，以示自己并不是在谋取权势。这三件事一办，立即缓和了多方面的矛盾，原来准备弹劾他的人都不上奏弹劾了，清廷也只好不再追究。

他又上折给清廷，说湘军成立和打仗的时间很长了，难免沾染上旧军队的恶习，且无昔日之生气，奏请将自己一手编练的湘军裁汰遣散。曾国藩想以此来向皇帝和朝廷表示：我曾某人无意拥军自重，不是个谋私利的野心家，是位忠于清廷的卫士。曾国藩的考虑是很周到的，他在奏折中虽然请求遣散湘军，但对他个人的去留问题却是只字不提。因为他知道，如果自己在奏折中说要求留在朝廷效力，必将有贪权之疑；如果在奏折中明确请求解职而回归故里，那么会产生多方面的猜疑，既有可能给清廷以他不愿继续为朝廷效力尽忠的印象，同时也有可能被许多湘军将领奉为领袖而招致清廷猜忌。

其实，太平天国被镇压下去之后，清廷就准备解决曾国藩的问题。因为他拥有朝廷不能调动的那么强大的一支军队，对清廷是一个潜在危险。清廷的大臣们是不会放过这个问题的。如果完全按照清廷的办法去解决，不仅湘军保不住，曾国藩的地位肯定也保不住。

正在朝廷捉摸如何解决这个问题时，曾国藩的主动请求，正中统治者们的下怀，于是下令遣散了大部分湘军。由于这个问题是曾国藩主动提出来的，因此在对待曾国藩个人时，仍然委任他为清政府的两江总督之职。这其实也正是曾国藩自己要达到的目的，他的以退为进换来了更多的利益。在中国的历史上，曾国藩也是最著名的善于运用进退智谋的高手之一。

由此可见，在必要的时候，退一步比进一步更重要，因为你可以重新发现一条生活的出路，也许更容易达到目标。

明智的放弃胜于盲目的执着

林语堂先生曾说过这样一句话：“明智的放弃胜过于盲目的执着。”人的精力是有限的，不可能方方面面都顾及，必要的时候我们还应学会放弃。放弃并不属于丢掉，并不是什么懦弱与泄气的表现。明智的放弃是智慧的选择，是对生命和生活中更高层次追求的一种途径。

有一位经过多年奋斗已经有所成就的商人，想在后半生写点儿东西，但他既感到力不从心，又感到无处下笔。因此，心中郁结，难以排解。于是，他找到一名得道高僧请教。

高僧闻知他的困惑后，拿出一个钵盂，让商人往里面装石头。装满后，高僧问商人：还能再装吗？商人回答说不能装了。高僧让他往钵盂里装沙子，结果，又装进了好多沙子。装完后，高僧问商人：还能再装吗？商人回答说不能装了。高僧让他再往钵盂里装水，自然又装进了很多水。

这时，僧人问商人：是否还能装？商人皱皱眉头，思考许久，说：不能了。这时，僧人拿起钵盂，将钵盂里的水、沙子、石头全都倒掉，又问商人：是否还能装？商人顿悟。接受新的事物，必须首先将所有的以往旧观念放弃掉，才能真正地、完全地接受新事物。

这次的请教，让商人受益匪浅，经过自己的刻苦、努力，事业更是蒸蒸日上！为了能够更加稳健地发展自己的事业，他第二次去请教僧人。僧人依旧拿出了那个钵，对商人说："你仔细看这个钵，很小，却可以无穷尽地装载很多东西，是因为这个钵有什么与众不同的地方吗？"

商人经过再三斟酌后回答："不是，这只是个普通的钵，是因为使用钵的人思想在不停地转变，才使得它也更有价值！"僧人听后，笑了笑，从身后又拿出了一个钵，对商人说："一个钵所能承载的毕竟有限，但是，如果你肯放弃以前装载的东西，那么再装载任何东西都是无穷限的。"商人听后，独自回到家中，反复思考，终于大彻大悟，从此以后，他放下手中所有事情，悉心研究写作事业，多年后，他终于步入巅峰。

人生就如同一个钵，里面装的是快乐与烦恼，但总有一天装满了，再也容纳不下什么新鲜的事物的时候，那么索性把钵内"昔日的余晖"倒个一干二净，当你再一次的把快乐与新鲜装进去的时候，就不会再溢出钵外了。 人的生活何尝不是这样。

一天，一位少年背着一个砂锅前行，在路上不小心绳子折断了，砂锅也掉在地上打碎了，但他还是头也不回地继续前行。路边有人喊住他：“你不知道你背上的砂锅打碎了?”少年回答：“是的，打碎了。”那人又问：“那你为什么不回头看一下呢?”少年笑着说：“它已经碎了，看了又有何益呢?”

是的，属于我们的，我们竭力去承受去追随，不属于我们的，我们何必浪费时间去强求、去死守呢!